冬芽ファイル帳

はじめに

「植物観察で、どの季節が好きですか？」そう聞かれたら、僕は迷わず「冬」と答えます。たいていの場合、質問された方は、不思議な顔をします。植物といえば、春から秋に楽しむもので、枯れ姿になる冬は観察するものがないというイメージがあるからでしょうか。

具体的に言うと、僕は冬に行う、「冬芽（ふゆめ）観察」が好きです。理由はいくつかあります。

ひとつは、観察がとても簡単なことです。

対象はどんな樹木でもよく、方法は「枝先を見る」だけ。それだけで、P13以降で紹介するような、かわいらしい冬芽が見られるのです。ただ純粋に見た目を楽しめばいい。大人でも子どもでも、誰にでも楽しめる植物観察です。

ふたつめは、樹木の冬の過ごし方を知ることができることです。
冬芽は、春に出す葉っぱや花の赤ちゃんをその中に隠しています。寒さや乾燥から中身を守るための工夫は、樹種によって様々。それを観察していると、その場から移動せずに生きる樹木の生き方が見えてきます。立ち枯れたように見える冬の街路樹も、じつはちゃんと生きている。それを知れるのが嬉しいのです。
また、冬芽観察をしていると、春が待ち遠しくなってきます。この冬芽の中からはなにが出てくるだろう。あるいは、本当に出てくるのだろうか。冬にかけた時間が増えれば増えるほど、春が来た時の喜びは増します。
冬芽観察では、自分が見つけた宝物をファイリングしていくような楽しみ方がおすすめです。そこでこの本では、「冬芽ファイル」「芽吹きファイル」「冬芽の作戦ファイル」とテーマ分けして、冬芽の魅力をご紹介します。
さぁ、冬芽の世界へ出発しましょう！

目次

この本のルール

- この本は、比較的容易に、日本国内で見ることができるユニークな冬芽を50種類、かわいい芽吹きの様子を10種類写真で紹介しています。以下に紹介ページの見方を説明します。

- 著者が実際に観察した記録をもとにしています。冬芽のサイズや見た目については見る対象によって異なる場合があります。また、地域によっては、見られない植物があったり、観察する時期にズレがあるなどの可能性があります。

- 冬芽は「とうが」と読むことも多いですが、本書では、一般的に親しみがある「ふゆめ」と読むことにします。

- 葉は「葉っぱ」、果実は「実」、花弁は「花びら」と、一般的によく知られた表現にしています。

- 和名は、主に『米倉浩司・梶田忠（2003-）「BG Plants 和名ー学名インデックス」（YList），http://ylist.info』に準じました。

冬芽とは

冬芽とはなんなのかを知るために、まずは、近所のコナラの観察からスタートしてみます。冬に葉っぱを落としたコナラの枝先を見ると、先がとがり、鱗（うろこ）で何重にも覆われたものがついているのが分かります。これが「冬芽」です（❶）。

冬の間、その姿はずっと変化しません。でも、季節が進み、春になると、冬芽は急に動き出します。にょきっと伸びたかと思えば、その中から、多くの葉っぱが出てきて、やがて花を咲かせるのです（❷～❹）。目立って見えているのは雄花で、じつはよく探すと、新しい枝の先端には、小さな雌花も咲いています（❺）。受粉がうまくいけば、これは、夏には大きくなり、秋には見慣れたどんぐりに変わります（❻～❼）。

これで分かるのは、冬芽の中身です。この中には、葉っぱや花、そして花の中にある実のもとまでもが休眠状態で入っています。春が来ると、休眠がとけ、一気に成長し、外に出てくるのです。

ちなみに、冬芽というと、冬に葉っぱを落とす落葉樹につくものというイメージがあるかもしれませんが、常緑樹にも冬芽があります。濃い緑色の葉っぱをかきわけるようにして探すと、やはり枝先に冬芽を見つけることが出来ます。また、この言葉の印象から、冬芽は冬にしかついていないように思われがちですが、実は、夏ぐらいにはもうその姿を観察

冬芽の中から葉っぱと花のつぼみが出てきた。

新しい枝の先端に雌花が咲く。

垂れ下がるように雄花が咲く。

することができます。
今回は、冬芽の観察の目的を2テーマに分けました。ひとつめは、ただただそのユニークな見た目を楽しむこと。そしてふたつめは、冬芽の様々な作戦を観察することです。

雌花は夏には大きくなる。

楽しみ方は自由です。僕のお勧めは、まず冬芽の「見た目を楽しみ」、続いて「作戦を知る」という順番です。その後にまた「見た目を楽しむ」に戻ってくると、かわいいだけでは終わらない、冬芽の奥深さに、きっと夢中になってもらえると思います。

秋には見慣れたどんぐりに。

冬芽の観察方法

本編に進む前に、まずお伝えしておきたいことがあります。冬芽のサイズ感についてです。

写真で見ると分かりにくいのですが、冬芽ってどれも、すごく小さいのです。この本で登場するものなら、小さいものは2㎜程度、大きくても5㎝程度しかありません。

なので、冬芽を観察する際は、相手に思いっきり近づく必要があります。次のような要領になります。

❶まずは樹木を見つける。樹種はなんでもOK。

❷ちょっとどうかなと思うくらい近づく。ここまで近づいて、ようやく冬芽の姿がぼんやり見えるので、ここからさらにルーペなどで拡大して観察する。

また、じつは次のことがとても重要です。およその冬芽の形は樹種により決まっていますが、その詳細な形は、見る位置によって微妙に異なります。同じ樹種の冬芽でも、かわいく見えるものと、そうでもないものがあるので、冬芽観察をする際は、同じ木の中で、たくさんの冬芽を見比べてみてください。

冬芽との距離感をつかむことが、冬芽観察の初めの一歩です。植物は逃げませんので、ぐいっと近づいてみてくださいね。

トベラの冬芽と葉痕。上は顔が分かりにくいが、下は顔がはっきりしている。

ルーペは必携。接写できるカメラでもいいので、拡大して観察する。

1章

冬芽ファイル50

＋

芽吹きファイル10

冬芽ファイル1

ばんざい近衛兵

枝先についたトゲが、腕をあげているように見えるサンショウの冬芽。大きさは3㎜程度しかありませんが、ルーペで見るととても愛らしいです。春が来るのを、まだ通せんぼしているのかな？

樹木について

サンショウ

葉っぱをもんでもサンショウの実の香りがする。庭に植えられることもたまにある。

［分　類］ミカン科サンショウ属
［樹　高］1〜5m
［性　質］落葉樹
［探すなら］庭木、栽培

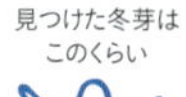

芽吹きはカラフルボンバーヘッド

冬の間、おとなしく見えたサンショウは、暖かくなったら一気にイメチェン。春の力強さにびっくり。

樹木の種類によっては、芽吹いたばかりの葉っぱが赤く色づく傾向を持つものもあります。はっきりとは分かっていませんが、この赤い色には、若い葉っぱを紫外線から守る効果があるのではないかとも考えられています。サンショウの芽吹きにも、赤味を帯びるものがあるので、その場合は、一時期だけカラフルヘッドになります。

ばんざい近衛兵 ― サンショウ

冬芽観察のコツ

白い部分のポッチを見ると、目がふたつ、口がひとつで、人の顔のよう。時々見かけるこの模様は「葉痕（ようこん）」と言い、文字通り葉っぱが落ちた痕です。この顔も、樹種によって個性があります（詳しくはP136）。

冬芽ファイル2

今日も決まった！アフロヘア

茶色い毛の生えた鱗が枝先に何重にもついていて、暖かそうな見た目をしています。他の樹木に比べて、枝がかなり太いこともあり、見た目に迫力がある冬芽です。枝が緑色なのも特徴。

樹木について

アオギリ

葉っぱは20㎝程度と大きく、葉の先が3～5つに分かれる。秋につけるボート状の実もおもしろい。

［分　類］アオイ科アオギリ属
［樹　高］1～15m
［性　質］落葉樹
［探すなら］公園、街路樹、庭木

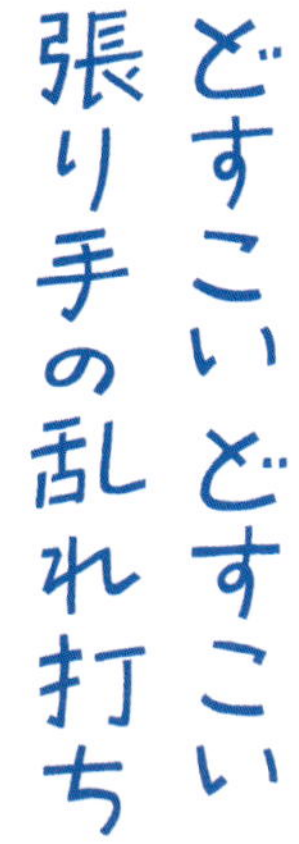

アオギリの新緑の様子はとってもユニーク。葉っぱを水平に、３６０度まんべんなく繰り出すのです。上から見ると、すき間なくきっちり葉っぱが展開していることが分かります。

葉っぱが互いに重ならないように出れば、太陽の光を効率よく集めることができそうです。まるで、新人力士が張り手を訓練しているような見た目です。

葉っぱの色は、これから

徐々に緑色に変わり、表面が上を向いていきます。

冬芽観察のコツ

冬芽を覆う鱗のようなものを「芽鱗（がりん）」とよびます。樹種によって枚数が異なり、色や毛の有無もちがいます。芽鱗の様子を観察することは、冬芽観察の基本のひとつです（詳しくはP140）。

冬芽ファイル3

長すぎ烏帽子

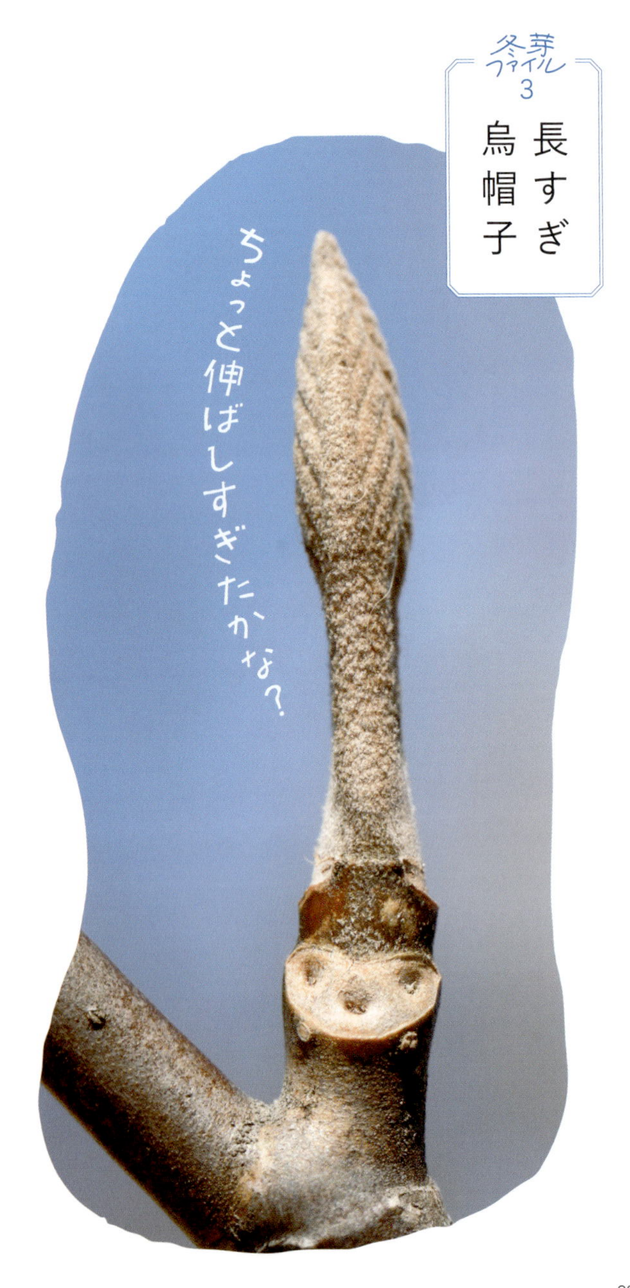

枝の先端からにょきっと伸びるように冬芽がつきます。ちょうどいい位置に顔がついていることがよくあり、長い烏帽子をかぶった姿に見えます。冬の林に並んでいる様子を見ると、嬉しくなります。

樹木について

オオカメノキ

縦に長い葉芽が、丸い花芽を挟み、バンザイしてみえるような時もある。5月頃に、白い花を咲かせる。

[分　類] ガマズミ科ガマズミ属
[樹　高] 1〜5m
[性　質] 落葉樹
[探すなら] 北海道〜九州。ブナが生えるような冷温帯の山地で見る。

別の冬芽

花

見つけた冬芽はこのくらい

餃子の中身は……、入っていません！

冬芽は、春に急に大きくなり開きます。開きはじめはまるで口をヒダにして止めた餃子のよう。でも、葉っぱが開いても、その中に具材は入っていません。空に向かって葉っぱを広げ、緑色に変わり、光合成を行います。

餃子のしわに見えた部分は、葉っぱの裏面で、葉脈が出っ張っています。ということは、冬芽の状態では、葉っぱの裏面が外側を向い

長すぎ烏帽子 ― オオカメノキ

ていたということになります。表面を大事に守っていたのですね。

冬芽観察のコツ

葉痕の形は、丸、三角、V字、T字など、樹木の種類によって様々あります。オオカメノキの場合は、ハート型。葉痕の形に注目することも、冬芽観察では大切です。

ぴょっこり ロバです

冬芽ファイル 4

枝先にふたつ、水滴のような冬芽がついていることがよくあるゴンズイ。林を歩いている時に見つけると、隠れたはずのロバが、耳だけ隠せていなかったようでかわいいです。

樹木について

ゴンズイ

秋にちょっと変わった赤い実がなる。名前の由来は、枝につく白い模様が、魚のゴンズイの模様に似ていることから。

[分　類] ミツバウツギ科ミツバウツギ属
[樹　高] 2～10m
[性　質] 落葉樹
[探すなら] 関東～沖縄。日当たりの良い低山や丘陵地で見かける。

見つけた冬芽はこのくらい

びっくり若葉の噴水だ

枝先にふたつついた冬芽は、どちらも同時に芽吹きます。その際、若葉は真上に伸び上がるように出てくるので、まるで緑色の噴水がぶわーっと上がったかのような姿になります。赤い冬芽が、一気に緑色に変わっていく劇的な変化に驚かされます。
ゴンズイは、低山の麓（ふもと）や、明るい丘陵地で見かける樹木です。ハイキング中にこの芽吹きを見つけると、な

ぴょっこりロバです ― ゴンズイ

んだかエネルギーを分けてもらったかのような、いい気分になります。

冬芽観察のコツ

枝の一か所から、冬芽がひとつだけ出る樹木があれば、ゴンズイのように、ふたつ冬芽がつく樹木など、冬芽のつき方にもいくつかのバリエーションがあります。それぞれの個性を楽しみましょう。

冬芽ファイル5

マッシュルームヘア

うそでしょ？と思ってしまうほどユニークな姿に、二度見、三度見必至のネジキの冬芽。うしろから見ても、ちゃんとヘアスタイルが決まっているところもポイント高いです。

樹木について

ネジキ

5〜6月に白い花が並んで咲く。樹皮は縦に裂ける。幹がねじれることがあるので、ネジキ。

［分　類］ツツジ科ネジキ属
［樹　高］2〜7m
［性　質］落葉樹
［探すなら］東北中部〜九州に自生。丘陵地や、低山の尾根沿いで見る。

樹皮

花

見つけた冬芽はこのくらい

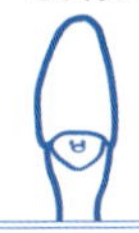

頭が割れて、ニョキニョキニョキ

　パカっと音が聞こえてきそうな様子で冬芽がまっぷたつに割れて、若葉が出てきます。冬も春もおもしろいので、ぜひ一度は観察してみてほしいです。
　ネジキは「日本三大美芽（びが）」のひとつと言われているのですが、それも納得の美しさです。残りのふたつは、コクサギ（Ｐ94）とザイフリボク。ただ、じつはこれ、誰が選んだのか、調べてもいまいちよく分かりません。

マッシュルームヘア — ネジキ

ならば、自分だけの「三大美芽」を選んでみるのもおもしろいかもしれませんね。

冬芽観察のコツ

若葉が出てきた瞬間を観察すると、芽鱗がきれいにふたつに分かれているので、ネジキの芽鱗は2枚だったことが分かります。芽鱗の枚数も、種類によって様々。僕が数えた中で一番多かったのはアラカシで、66枚でした（P142）。

冬芽ファイル6

頭抱えて、はや3か月

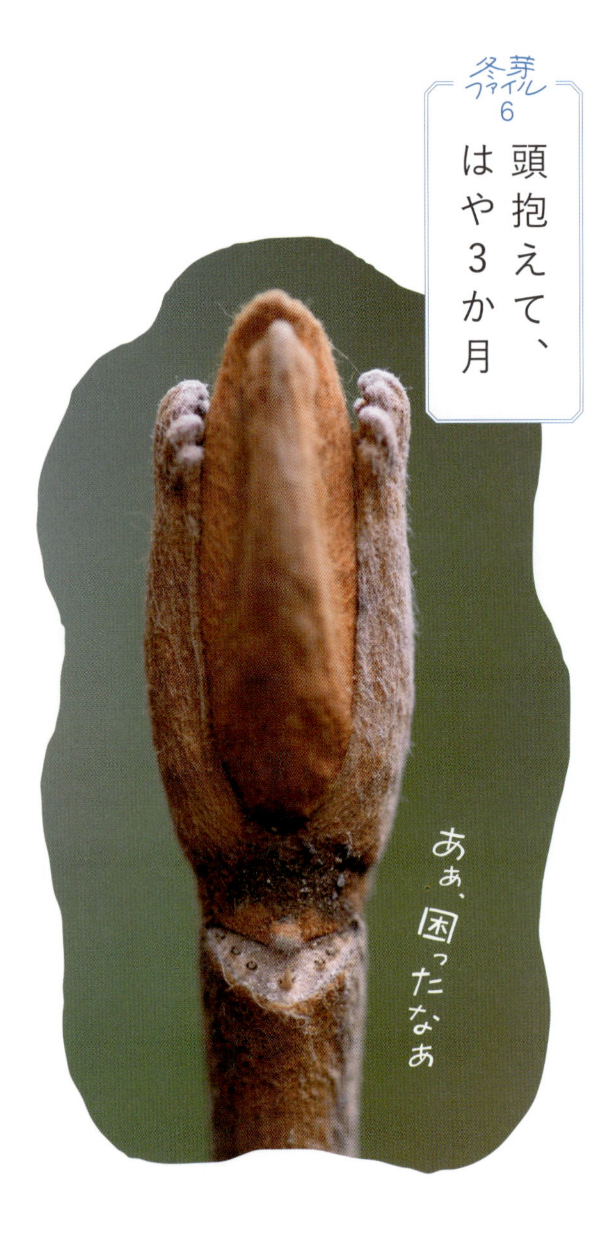

頭を抱えているような姿のカシワバアジサイ。花の時期は誇らしく咲くのに、冬芽の時は自信なげです。同じ仲間でも、アジサイの冬芽（P54）はまた見た目がちがうので、見比べてみてください。

樹木について

カシワバアジサイ

5～7月に見事な花が咲く。北アメリカ原産で、よく栽培されるため、様々な品種が人によって作られている。

[分　類] アジサイ科アジサイ属
[樹　高] 1～2m
[性　質] 落葉樹
[探すなら] 公園、街路樹、庭木

見つけた冬芽は
このくらい

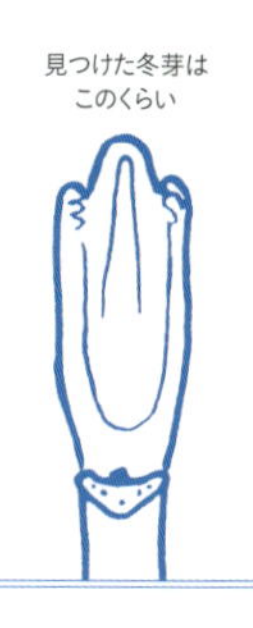

白い毛の、三叉の槍！

　どんな樹木でも、芽吹きたての葉っぱは弱いものです。せっかく出てきたのに虫に食べられたり、季節の戻りで寒い風にあたったりと、若葉はいきなり苦難の連続。でも見てください。カシワバアジサイの若葉は、白い毛でふっさふさ。暖かく、乾燥にも強そうで、虫も毛に苦戦して食べにくくなりそうです。

　カシワバアジサイに限らず、芽吹きたての葉っぱに、

頭抱えて、はや3か月 — カシワバアジサイ

どのような対策が見てとれるか観察するのもおもしろいテーマになりますよ。

冬芽観察のコツ

若葉に毛が生えていることはよくあります。カシワバアジサイは白い毛ですが、ハクウンボクは茶色い毛（P108）で、アカメガシワは赤い毛（P159）です。若葉の毛の観察もしてみましょう！

冬芽ファイル7

とんがり帽子の かわいい坊や

身近な場所でよく出会うケヤキ。春や夏には、多くの葉っぱを出して堂々としているのに、冬芽の時はこんなにもかわいらしい姿。もう、葉っぱをつけていた時の姿が想像できません。

樹木について

ケヤキ

下から上に向かって、扇形に広がる樹形が特徴。春の新緑の爽やかさはピカイチ！

[分　類] ニレ科ケヤキ属
[樹　高] 2～30m
[性　質] 落葉樹
[探すなら] 公園、街路樹

樹形

葉

見つけた冬芽は
このくらい

芽吹きのスピードスター

冬は茶色い姿だったケヤキは、芽吹きはじめたと思ったら一気に緑に変わっていきます。そのスピードの秘密は、芽吹きの様子を順に追って観察していくと分かります。

ケヤキに限らず、ひとつの冬芽の中には、葉っぱが何枚も入っています。なので、枝についた冬芽がそれぞれ芽吹くと、一気に葉っぱの数が増えるのです。冬の間はずっとおとなしかっ

とんがり帽子のかわいい坊や ― ケヤキ

たのに、春になったら一気に活動がはじまるこの緩急、たまりません。

冬芽観察のコツ

ひとつの冬芽の中から葉っぱが何枚も出てくるということは、その葉っぱ同士をつなぐ枝も必要になるということです。これは一体どういうことなのか、P178でご紹介します。

冬芽ファイル 8
締切り間近の僕

冬芽と葉痕といえば、かわいらしいものが紹介されることが多いですが、中にはフジのように、なんともいえない表情をしたものもあります。うん、あるよね。そういう顔になっちゃう時ってさ…。

樹木について

フジ

4～5月にかけて、公園の藤棚に咲くフジをよく見る。
夏を過ぎると実が目立つようになる。

[分　類]　マメ科フジ属
[樹　高]　つる性
[性　質]　落葉樹
[探すなら]　公園、庭木、明るい林にも。

見つけた冬芽は
このくらい

よっ、収納上手！

芽吹きの様子を見ていると、よくぞ、その小さい冬芽の中に、こんな大きな葉っぱが入っていましたね。と、驚くことが多いです。フジの場合、鳥の羽根のような形の葉っぱの大きさは、成長すると全長20～30㎝にもなります。この葉っぱが何枚も、たった3㎜程度の冬芽の中に隠されているのですから、その収納術には驚きです。

芽吹きの様子を見ている

と、羽根の形の葉っぱがきれいに折りたたまれて出てきていることが分かります。

冬芽観察のコツ

芽の中にいる時の葉っぱの姿のことを「芽中姿勢（がちゅうしせい）」とよびます。ハナズオウは2つ折り（P110）、イロハモミジはじゃばら折り（P112）といったように、樹種によってその姿勢は様々です。

冬芽ファイル9

じゃんけん木

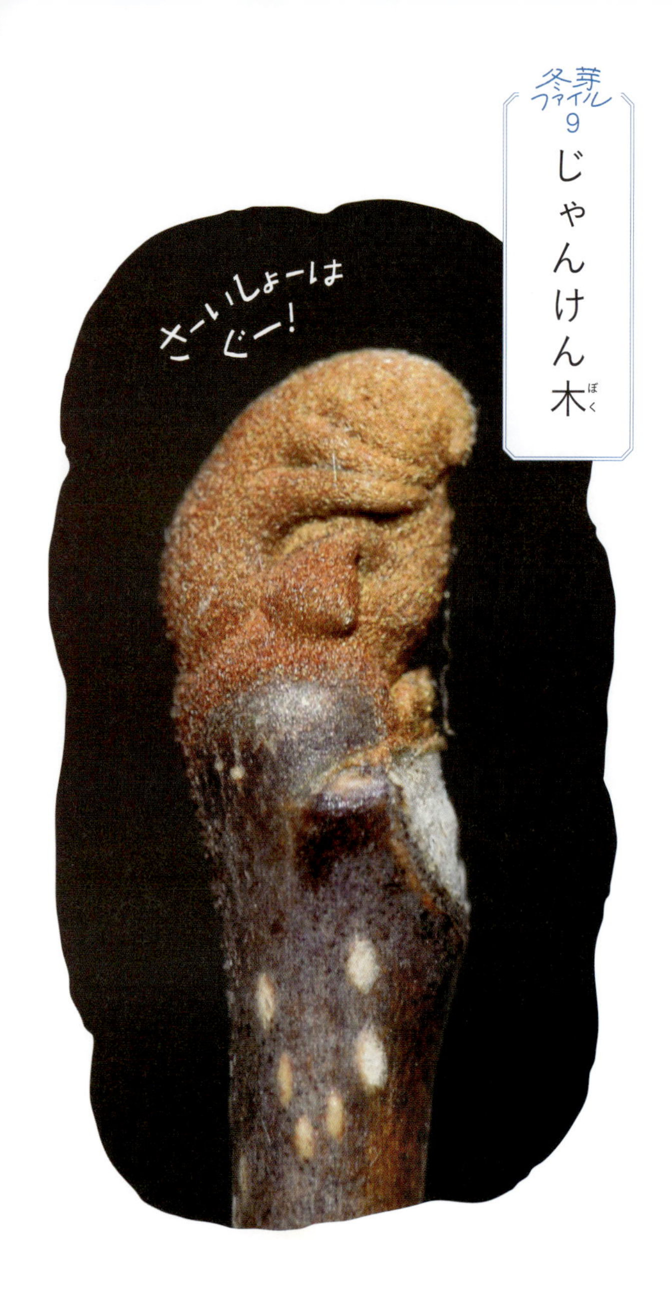

握りこぶしのような姿が特徴のニガキの冬芽。枝先にグーが並ぶので、見つけるとつい笑ってしまいます。ぎゅっと堅く握ったこぶしの中に、何を隠しているのでしょうか。春が楽しみです。

樹木について

ニガキ

葉っぱや樹皮、実など、植物全体に苦みがあるので、ニガキと名付けられた。枝に白い斑点があるのも特徴。

[分　類] ニガキ科ニガキ属
[樹　高] 2～10m
[性　質] 落葉樹
[探すなら] 北海道～沖縄に自生。山地の林内や林縁で見る。

見つけた冬芽は
このくらい

春の ダンスパーティー

　ニガキの冬芽は、外側を覆う鱗（芽鱗）を持ちません。葉っぱそのものが小さく縮こまり、茶色い毛がびっしりと生えています。葉っぱが大きく成長すると、毛と毛の間隔が広がるので、葉っぱ本体の緑色が見えてきます。大きくなった葉っぱは無毛なので、この毛はやがて取れてしまうのだろうと考えられます。
　冬芽がほころび、葉っぱが大きく広がる様子は、枝

先でダンスパーティーが開催されているかのような賑やかさがあります。

冬芽観察のコツ

ニガキのように、芽鱗を持たない冬芽は「裸芽」とよばれます（詳しくはP157）。日本では、「鱗芽」を持つ樹木の方が多いので、「裸芽」を持つ樹木は少数派になります。

冬芽ファイル10

枝に宿る、冬の小妖精

なんと、その顔のサイズは１～２㎜ほど。あまりに小さいため、ルーペを使っても、ほんのりとしか見えません（この写真は、実物の20倍の大きさになっています）。でも、それでもちゃんとこうして顔があるのです。いやはや、お見事です。

樹木について

ヤマブキ

葉っぱの縁のギザギザがよく目立つ。4月頃に、山吹色の花が咲く。

［分　類］バラ科ヤマブキ属
［樹　高］0.5～2m
［性　質］落葉樹
［探すなら］公園、庭木

見つけた冬芽は
このくらい

春を舞うバレリーナ

目をこらさないと観察できないほど小さな冬芽も、春になればちゃんとその中身を出してきます。黄色い花のつぼみと葉っぱを同時に出す場合、そこには、ほら、まるで春を喜び踊っているかのようなバレリーナがたくさん！とっても心躍る光景です。

冬芽の観察は、冬にそれ自体を観察していることも喜びですが、やはり芽吹きの様子まで見届けてこそ、

その良さが分かるというものです。

冬芽観察のコツ

ヤマブキの芽吹きには、2種類あります。葉っぱだけが出てきているものと、葉っぱと花の両方が出てきているものです。冬芽は、その中に何が入っているかによって「葉芽」、「花芽」、「混芽」の3つに分けられます（詳しくはP128、132）。

冬芽ファイル11

モードな帽子のおしゃれさん

アジサイの冬芽は裸芽です。葉っぱそのものがきゅっと小さく縮こまってできているので、帽子の部分をよく見れば、葉脈が見えます。アジサイの冬芽は赤や紫色をしたものもよくあり、見る対象によって、見た目が異なります。

樹木について

アジサイ

梅雨時に華やかな花が咲く。身近に植わっていることが多く、観察しやすい。

[分　類]　アジサイ科アジサイ属
[樹　高]　0.5〜2m
[性　質]　落葉樹
[探すなら]　公園、街路樹、庭木

見つけた冬芽は
このくらい

冬芽ファイル12

枝先のアルパカ、休憩中

葉っぱが落ちた痕がT字型をしていることに注目。葉痕は、丸い形だけではないのです。オニグルミは、見た目のかわいらしさから、冬芽観察会で見つかると大人気。冬芽と葉痕合わせて、2～3㎝と大きく、写真も撮りやすいです。

樹木について

オニグルミ

丸っこい羽根のような葉っぱが特徴。夏が近づくと、大きなクルミの実がふさなりにつく。

［分　類］　クルミ科クルミ属
［樹　高］　3～15m
［性　質］　落葉樹
［探すなら］　北海道～九州に自生。河川沿いでよく見る。たまに公園でも。

見つけた冬芽は
このくらい

冬芽ファイル13

パープルとんがりヘア

我は行く。
我が道を。

紫が強い冬芽の色が特徴的。そして葉痕が、なんだか馬の蹄のような形をしています。どこもかしこも特徴だらけ。まちなかでも、ちょっとした空地で見かけます。

樹木について

クサギ

夏には甘い香りの花を咲かせ、秋には赤と紺色のツートンカラーが美しい実をつける。

[分　類] シソ科クサギ属
[樹　高] 1～8m
[性　質] 落葉樹
[探すなら] 北海道～沖縄に自生。林縁や明るい場所でよく見る。まちの道端にも生えている。

見つけた冬芽は
このくらい

冬芽ファイル14

王冠かぶって、ご満悦

冬芽の形が整っていて、まるで王冠のようです。葉痕の顔も均整が取れていて、全体的にすっきりとした印象があります。常緑樹なので、冬にも葉っぱがついていて、葉柄（ようへい）がまるで手のようにも見えます。

樹木について

サンゴジュ

地味な葉っぱだが、庭木によく使われている。秋になる赤い実はよく目立つ。

[分　類]　ガマズミ科ガマズミ属
[樹　高]　2～15m
[性　質]　常緑樹
[探すなら]　庭木、公園、生垣

見つけた冬芽は
このくらい

冬芽ファイル15

おっきなお顔のトカゲさん

葉痕の大きさも、樹木によって様々です。センダンの場合は、横幅が1cm以上もあり、葉痕としては大きなサイズです。葉痕の上に、丸い冬芽がちょこんとついているのも愛らしいです。

樹木について

センダン

6月頃に爽やかな花を多く咲かせ、晩秋には白い実をつける。道沿いで野生化した幼木(ようぼく)をよく見る。

[分　類] センダン科センダン属
[樹　高] 2～20m
[性　質] 落葉樹
[探すなら] 公園、街路樹、社寺にも。

見つけた冬芽は
このくらい

冬芽ファイル16 はんなり美人

冬芽を覆う鱗の形が、着物の衿(えり)のように重なり、ビシっと整っているのが美しいです。鱗は2枚のことが多く、だいたい、それぞれの色がちがうので、きれいな色の組み合わせになっているものをよく見ます。

樹木について

ナツツバキ

初夏にツバキのような花を咲かせるのでナツツバキ。まだら模様で滑らかな樹皮も特徴。

[分　類]　ツバキ科ナツツバキ属
[樹　高]　2～15m
[性　質]　落葉樹
[探すなら]　公園、街路樹、庭木

見つけた冬芽は
このくらい

冬芽ファイル17

重ね着マスター

ナツツバキとぜひ一緒に観察したいのがヒメシャラ。ぱっと見は似ていますが、よく見たらどうでしょう。ヒメシャラの方が芽鱗の枚数が多いことが分かるでしょうか。P64と見比べてみてください。

樹木について

ヒメシャラ

初夏に咲く花は、ナツツバキに似るが、大きさは半分くらいの小ささ。樹皮はよく裂ける。

[分　類] ツバキ科ナツツバキ属
[樹　高] 2～10m
[性　質] 落葉樹
[探すなら] 公園、街路樹、庭木

見つけた冬芽は
このくらい

冬芽ファイル18

気分はボクサー

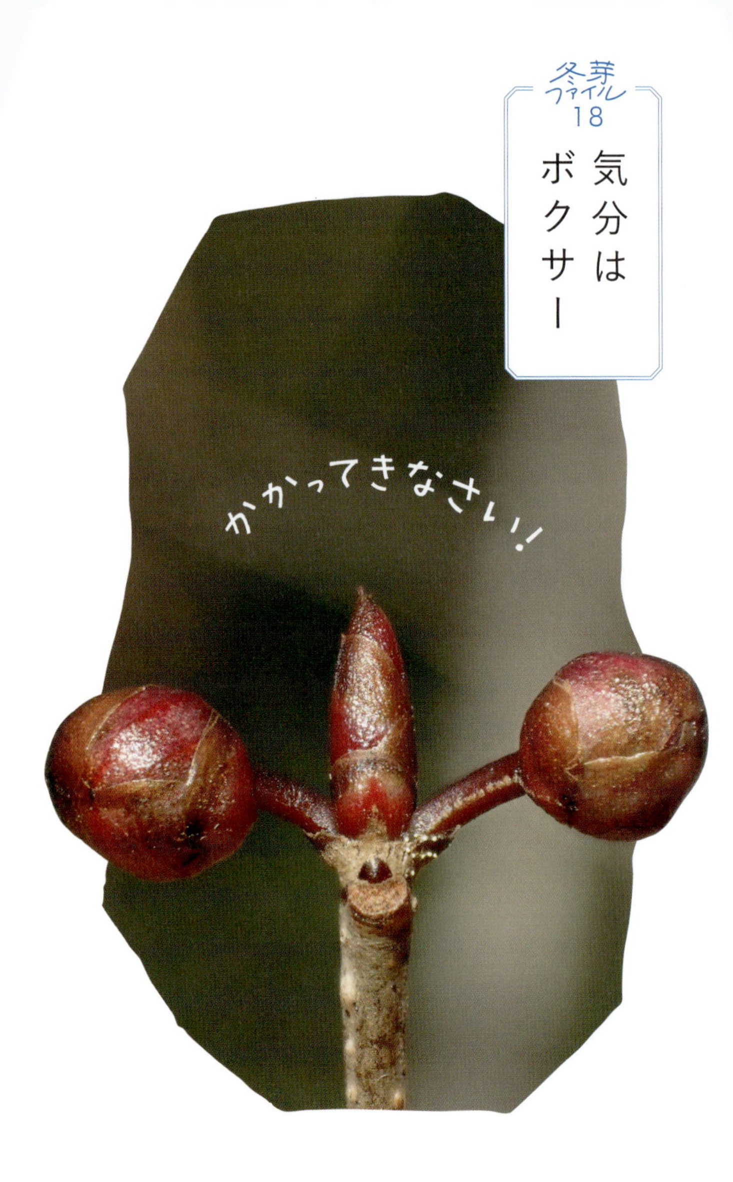

真ん中のとがっているのが葉っぱの芽で、両サイドの丸いのは花の芽です。それらを合わせると、ユーモラスな見た目になります。冬芽は、その見た目によって中身が分かる時があります。P128で詳しくご紹介します。

樹木について

アブラチャン

早春に黄色い花が優しく咲く。秋には艶のある実がなる。種子から油がとれる。

［分　類］　クスノキ科クロモジ属
［樹　高］　2～5m
［性　質］　落葉樹
［探すなら］　本州～九州に自生。山地や沢沿いで見る。

見つけた冬芽は
このくらい

冬芽ファイル19
やじろべー
バランス取れるかな?

アブラチャン（P68）と同じく、とがった葉っぱの芽と、丸い花の芽の両方がついています。アブラチャンと比べると、葉っぱの芽は細長く、花の芽の先も少しだけとがっています。

樹木について

クロモジ

葉っぱと一緒に花が出る様子がかわいらしい。枝につく黒い斑点が黒い文字に見えたことからクロモジ。

［分　類］クスノキ科クロモジ属
［樹　高］1～5m
［性　質］落葉樹
［探すなら］北海道～九州に自生。山地の明るい場所や尾根で見る。

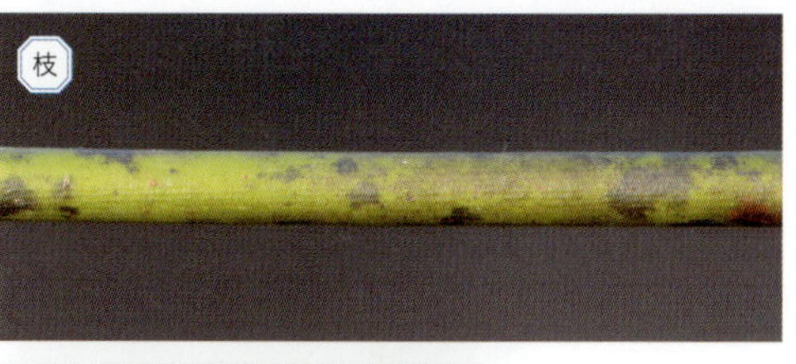

見つけた冬芽はこのくらい

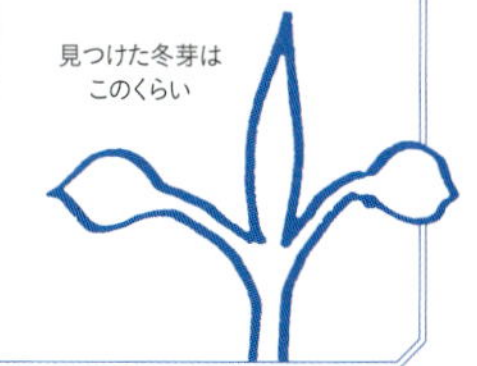

冬芽ファイル20

つぶらな瞳ちゃん

枝の先端以外の冬芽は、一か所から対になってつきます。先端の芽をはさんで両腕をあげてバンザイするような格好になり、葉痕の目と口が小さいので、とても愛らしい印象を受けます。

樹木について

ゴマギ

ごわごわした手触りの葉っぱがつく。手で揉むとゴマの香りがする。夏頃には赤い実がなる。

[分　類] ガマズミ科ガマズミ属
[樹　高] 2～5m
[性　質] 落葉樹
[探すなら] 北海道～九州に自生。谷沿いなど、湿った土地で出会う。

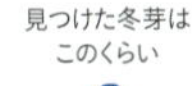

冬芽ファイル21

枝先のろうそく

まるでろうそくの火のような姿をしたイチジクの冬芽。この雰囲気は、クワ科イチジク属の樹木でよく見られる冬芽の形なので、イヌビワなども近くで観察してみてください。

イヌビワの冬芽

樹木について

イチジク

大きく切れ込む葉っぱが特徴。実がついていれば分かりやすい。

[分　類] クワ科イチジク属
[樹　高] 1～5m
[性　質] 落葉樹
[探すなら] 果樹、庭木

見つけた冬芽は
このくらい

冬芽ファイル22

花怪獣、襲来

マルバノキは、晩秋に赤い星型の花を咲かせるため、落葉した枝先でも開花していることがよくあります。僕には、冬芽が花の髪飾りをしているように見えて、とってもキュートに感じていたのですが、なんだか怖いという方もいるようです…。

樹木について

マルバノキ

葉っぱはハート型。秋の紅葉の時期に同時に花が咲く。

［分　類］マンサク科マルバノキ属
［樹　高］1〜5m
［性　質］落葉樹
［探すなら］中部、中国、四国の限られた場所に局所的に自生。
庭木として植えられることもある。

冬芽ファイル23

空の毛筆

春はあけぼの

見た目では分かりにくいですが、縮こまった葉っぱが２枚合わさるようにして冬芽ができています。黒い毛がびっしりと生えていて、毛筆のような姿になっているのが分かりやすいです。

樹木について

クマノミズキ

6月に、小さい花を集めた花を咲かせる。9月頃には、紫～黒色の実がなる。

[分　類]　ミズキ科ミズキ属
[樹　高]　2～15m
[性　質]　落葉樹
[探すなら]　北海道～九州に自生。低山の林、たまに公園。

見つけた冬芽は
このくらい

冬芽ファイル24

クリにそっクリ

クリの冬芽を見ると、つい笑ってしまいます。なんだかクリの実にそっくりなのです。でもここは、春に葉っぱや花の赤ちゃんを出す大事な場所です。決して食べてしまわないように！

樹木について

クリ

6月には樹木が白くなるほど多くの花が咲き、秋にはたわわに実がみのる。

[分　類]　ブナ科クリ属
[樹　高]　3〜15m
[性　質]　落葉樹
[探すなら]　果樹、公園

見つけた冬芽は
このくらい

冬芽ファイル25

ふわふわ帽子の雪男

冬の間、枝から枯葉が落ちずについたまま過ごし、2月頃に黄色い花を咲かせます。この枯葉と花の存在から、枝先の冬芽に目がいきにくいのですが、ちゃんと見れば、ふわふわ帽子の冬芽がついていました。

樹木について

シナマンサク

冬本番の2月に、リボンのような花を咲かせる。葉っぱの形は左右非対称。

[分　類]　マンサク科マンサク属
[樹　高]　2～10m
[性　質]　落葉樹
[探すなら]　街路樹、庭木

見つけた冬芽はこのくらい

冬芽ファイル26

決めるぜ リーゼント

ヤマブキ（P50）と同じく、顔の輪郭は1～2㎜程度と極小サイズ。あまりに小さいので、がんばって探してこれを見つけた時には、思わずガッツポーズするくらいの嬉しさがあります。

樹木について

シロヤマブキ

4～5月に白い花が咲く。秋になる黒い実は、冬まで残っていることがよくある。

［分　類］バラ科シロヤマブキ属
［樹　高］0.5～2m
［性　質］落葉樹
［探すなら］公園、街路樹、庭木

見つけた冬芽は
このくらい

冬芽ファイル27

そっと静かに、熟考中

顔（葉痕）の大きさに比べると、冬芽が大きいのが特徴です。冬芽を覆う鱗の色が、緑色だったり黒色だったりと複雑な色味になっていることがよくあります。なんだか妖しげな美しさを感じます。

樹木について

ハンカチノキ

花が白いハンカチに包まれているようなのでハンカチノキ。秋につく実は堅い。

［分　類］ヌマミズキ科ハンカチノキ属
［樹　高］2～10m
［性　質］落葉樹
［探すなら］公園、街路樹

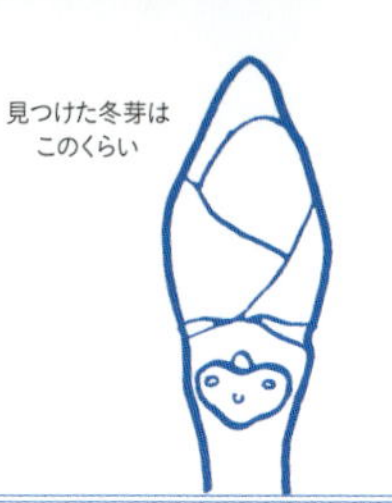

見つけた冬芽は
このくらい

冬芽ファイル28

ライバルはル・コルビュジエ

全体が茶色で地味な印象に見えるムクノキの冬芽も、近づいてみれば、じつはとっても洒落ていることに気付きます。冬芽を覆う鱗には白い毛が生え、その縁だけ濃い茶色になっているのです。渋い！

樹木について

ムクノキ

葉っぱは強くざらつく。根っこが盛り上がる傾向があるので、遠くからでも分かる時がある。

［分　類］アサ科ムクノキ属
［樹　高］2～20m
［性　質］落葉樹
［探すなら］公園、街路樹

見つけた冬芽は
このくらい

冬芽ファイル29

冬芽界のカオナシ

葉っぱが落ちた痕が大きく、ハート型。そして、かわいい…とは言いきれないこの微妙な表情がかえって覚えやすいです。見る場所によって表情が変わるので、それぞれを見比べたくなる冬芽です。

樹木について

ムクロジ

身近な場所で頻繁に出会う樹木ではないが、社寺などではよく植わっている。秋につく実は、かつて石鹸の材料として使ったという。

[分　類] ムクロジ科ムクロジ属
[樹　高] 3～20m
[性　質] 落葉樹
[探すなら] 公園、社寺、庭木

見つけた冬芽は
このくらい

冬芽ファイル30

ひょうきん怒髪天

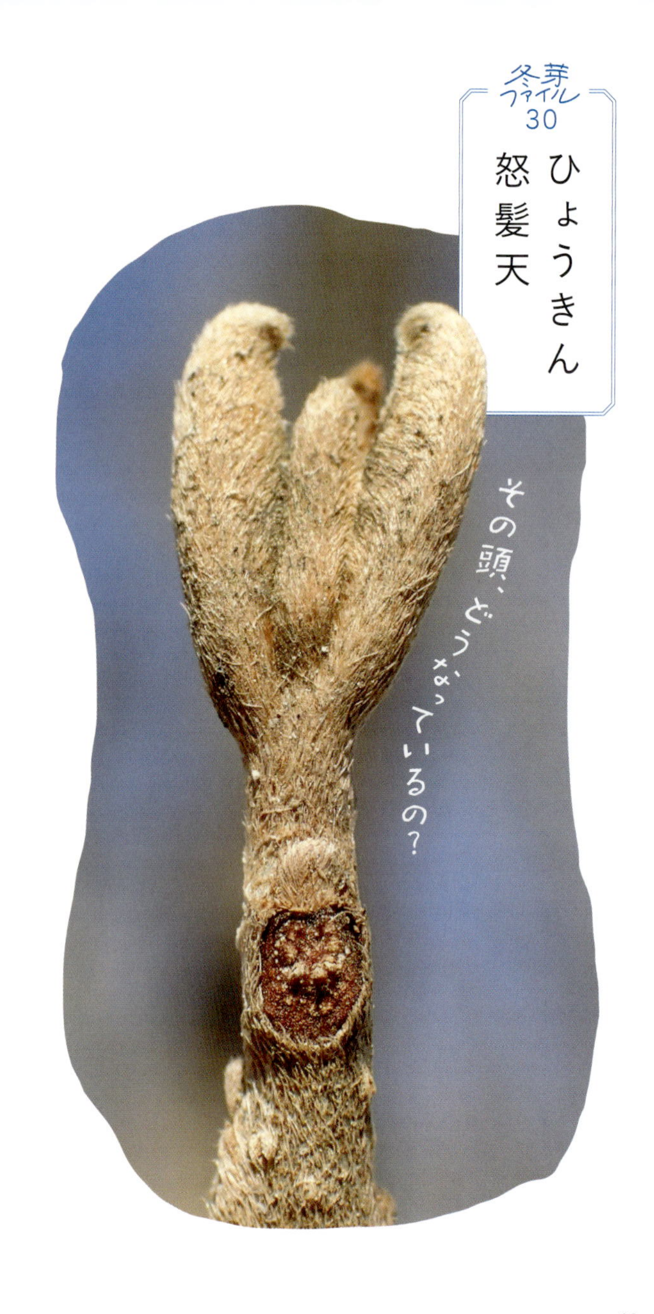

なにその髪型！と、思わずツッコミたくなる見た目が特徴。葉っぱが小さく縮こまり、そこに茶色い毛がびっしり生えています。一度は見たい、おもしろ冬芽です。

樹木について

アワブキ

葉っぱは20㎝前後と大きい。6月頃に白い小さな花を塔のように集めて咲かせる。

［分　類］アワブキ科アワブキ属
［樹　高］2～10m
［性　質］落葉樹
［探すなら］本州～九州に自生。丘陵地や山地で見る。

葉

花

見つけた冬芽はこのくらい

冬芽ファイル31

カラフルミニたけのこ

日本三大美芽（P32）のひとつ、コクサギ。どこが美しいのかと思って近づくと、なんと冬芽の芽鱗が、赤紫色に白色のパイピングになっていました。たしかに美しい…。

三大美芽の残りのひとつ、ザイフリボク。

樹木について

コクサギ

ミカン科だけあって、葉っぱをちぎると柑橘の香りがする。秋の実は十字に分かれる変わった姿。

［分　類］ミカン科コクサギ属
［樹　高］1～5m
［性　質］落葉樹
［探すなら］本州～九州に自生。山地や沢沿いで見る。

見つけた冬芽はこのくらい

冬芽ファイル32

困った時の、神頼み

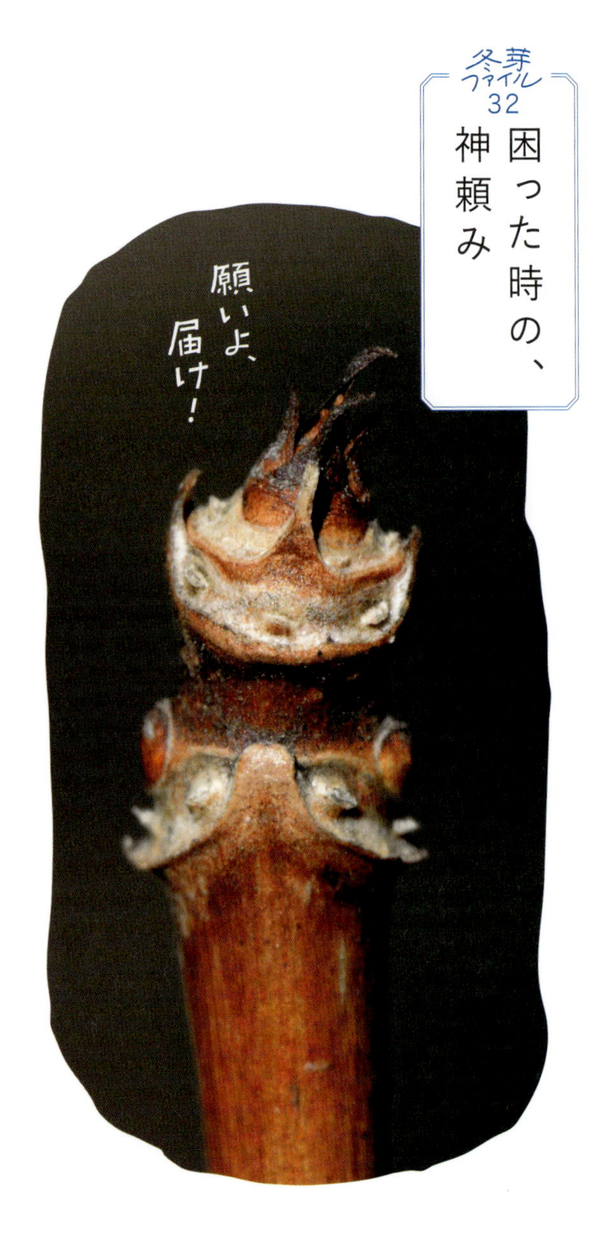

葉っぱが一か所から対になって出る樹木なので、葉っぱが落ちた痕も、対になって枝に残ります。それがうまい位置についていると、まるで両手を合わせているようなのですが、どうでしょう。そう見えるでしょうか？

樹木について

ノリウツギ

7月頃に白い花をたくさん集めて咲かせる。身近な場所で栽培品種が植わっていることもある。

［分　類］アジサイ科アジサイ属
［樹　高］1～5m
［性　質］落葉樹
［探すなら］北海道～九州に自生。林縁など、明るい場所で見る。庭木として植えられることがある。

見つけた冬芽はこのくらい

冬芽ファイル33

ハートツリー

枝に大きなハートの葉痕がつくことが特徴。葉っぱが落ちた枝を遠くから見ても、あっ、ニワウルシだ。と気付くことができます。芽吹きの様子がとっても力強いので、春も見応えがあります。

樹木について

ニワウルシ（シンジュ）

葉っぱは長く伸びた羽根のよう。5～6月に花が咲くが、地味なのであまり気付かれない。シンジュとも呼ばれる。

［分　類］ニガキ科ニワウルシ属
［樹　高］2～20m
［性　質］落葉樹
［探すなら］中国原産だが、北海道～九州で野生化している。林縁や河原でよく見る。

冬芽ファイル34

ひとつ目の異星人

濃い紫色の冬芽に、ところどころ生えるトゲ。これまたほかにはない雰囲気なので、すぐに覚えられます。丘陵地に生えていることがよくあるので、探してみてください。

樹木について

ハリギリ

カエデのような切れ込みを持つ葉っぱをつける。幹にはたくさんトゲがつく。

[分　類]　ウコギ科ハリギリ属
[樹　高]　3～25m
[性　質]　落葉樹
[探すなら]　北海道～沖縄に自生。山地や丘陵地で見る。

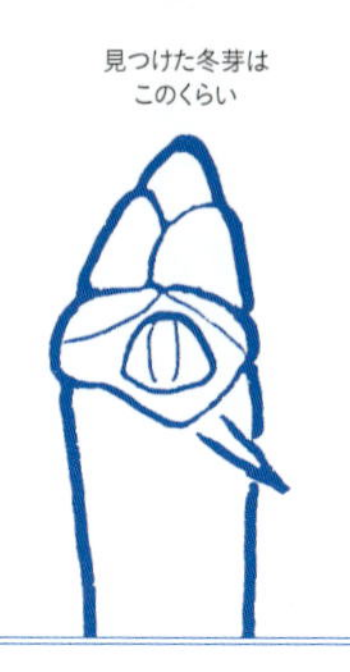

冬芽ファイル35

出没、謎仮面!!

葉痕がV字〜U字型で、他ではあまり見ない雰囲気の見た目をしています。同じ樹木の中でも、見る位置によって顔が変わるので、自分が気に入った顔を見つけるのが楽しいです。

樹木について

ケンポナシ

6月頃に花が咲くが、それよりも晩秋につく実の方が有名。実は球の部分で、ごつごつした枝のようなものは、太くなった実の柄。ここが甘いので、動物が好んで食べる。

[分　類] クロウメモドキ科ケンポナシ属
[樹　高] 3〜20m
[性　質] 落葉樹
[探すなら] 本州〜九州に自生。山地や、沢沿いで見る。稀に公園でも植えられている。

見つけた冬芽は
このくらい

まだまだいます

冬芽ブラザーズ

冬芽ファイル 36

カンレンボク
ヌマミズキ科カンレンボク属

キハダ
ミカン科キハダ属

サワグルミ
クルミ科サワグルミ属

ハルニレ
ニレ科ニレ属

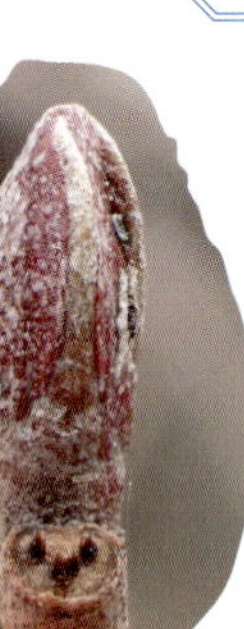

ハンノキ
カバノキ科ハンノキ属

ソメイヨシノ
バラ科ソメイヨシノ属

モミジバフウ
フウ科フウ属

エノキ
アサ科エノキ属

クズ
マメ科クズ属

カラスザンショウ
ミカン科サンショウ属

キブシ
キブシ科キブシ属

ボダイジュ
アオイ科シナノキ属

ニワトコ
ガマズミ科ニワトコ属

チャンチン
センダン科チャンチン属

ミツバウツギ
ミツバウツギ科ミツバウツギ属

<<< 冬芽の芽吹きにもご注目！芽吹きファイル10

春の白い花火

芽吹きファイル1

芽吹きとしては、他の追随を許さない美しさです。なんでしょうか、この銀白色の若葉は……。もう、見るだけでほれぼれしてしまいます。たまに街路樹として植わっている時がありますので、チャンスがあればぜひ見てほしいです。

樹木について

イヌエンジュ

芽吹きがいくつも同時に出る姿も美しい。樹皮にひし形の模様がつく。材が硬く、割れにくいので、家具や木工用として使われる。

[分　類]　マメ科イヌエンジュ属
[樹　高]　2～15m
[性　質]　落葉樹
[探すなら]　北海道~九州。山地の沢や湿った土地で見る。稀に街路樹。

見つけた冬芽は
このくらい

芽吹きファイル2

葉っぱの宝箱

3枚の葉っぱに包まれるようにして、花のつぼみがあらわれました。花を大事に包んで守っていたかのような姿に、思わずほっこり。葉っぱは茶色い毛で覆われていて、ガードが堅そうです。

樹木について

ハクウンボク

芽吹きとともに現れた花のつぼみは、5〜6月に開く。エゴノキの花に似ている。

[分　類] エゴノキ科エゴノキ属
[樹　高] 2〜15m
[性　質] 落葉樹
[探すなら] 公園、庭木、街路樹

芽吹き

花

見つけた冬芽は
このくらい

輝きのハートシャワー

芽吹きファイル3

半分に折りたたまれて出てきた葉っぱが開くと、なんとハート型。芽の中にいる時の葉っぱの「芽中姿勢」は種類によって様々（P45）。ハナズオウなら、２つ折り。ほかにどんな姿勢があるか、観察してみると楽しいです。

樹木について

ハナズオウ

芽吹きはじめは、ハートの葉っぱが2つ折りになっている。
３～４月には紫色のマメの花を咲かせる。

［分　類］マメ科ハナズオウ属
［樹　高］1～5m
［性　質］落葉樹
［探すなら］公園、庭木

見つけた冬芽は
このくらい

芽吹きファイル4

扇子の両手持ち

イロハモミジの芽中姿勢は、なんとびっくり、じゃばら折り！　葉脈に沿って細かく折りたたまれています。芽吹きはじめから観察すると、どのように葉っぱが開いていくのかが分かります。

樹木について

イロハモミジ

じゃばら折りが開くと、先が5～7つに裂けた形の葉っぱになる。秋にはプロペラ状の実をつけ、クルクル回りながら、風に乗って運ばれる。

［分　類］ ムクロジ科カエデ属
［樹　高］ 2～15m
［性　質］ 落葉樹
［探すなら］ 公園、庭木、街路樹

芽吹き

葉と実

見つけた冬芽は
このくらい

芽吹きファイル5

緑の鳴子で、よさこい踊り

マユミは、冬芽の中では珍しい緑色をしています(日当たりの良いところでは赤くなることもあります)。若い枝も緑色なので、芽吹きたての時はどこもかしこも緑色になります。

樹木について

マユミ

5月頃に花が咲くが、白くて小さいため目立たない。秋にはピンク色の実がなる。

[分　類] ニシキギ科ニシキギ属
[樹　高] 2～10m
[性　質] 落葉樹
[探すなら] 公園、庭木、明るい林

見つけた冬芽はこのくらい

葉っぱのかくれんぼ

芽吹きファイル6

冬芽は分かりやすいものばかりではありません。ムクゲのように、どこについているのか分かりにくいものもあります。そんな時は、芽吹きの時をじっと待ってみます。するとほらほら、出てきましたよ！

樹木について

ムクゲ

葉っぱが出てくると、一気に雰囲気が変わる。花は夏に咲く。

［分　類］アオイ科フヨウ属
［樹　高］1～4m
［性　質］落葉樹
［探すなら］公園、庭木、街路樹

見つけた冬芽は
このくらい

ヤツデ 千手観音

芽吹きファイル7

7〜9つに大きく裂ける葉っぱが特徴のヤツデ。芽吹きの時は、これがぎゅっと縮こまった姿になり、まるで人の手のようになります。これがにょきにょきたくさん出てくるのですからびっくり！

樹木について

ヤツデ

葉っぱが大きくなっていく際、集団で踊っているような姿になる。晩秋に白い花を多数丸く集めて咲かせる。

［分　類］ウコギ科ヤツデ属
［樹　高］1〜4m
［性　質］常緑樹
［探すなら］公園、庭木

見つけた冬芽は
このくらい

芽吹きファイル8

ミニチュア和スイーツ

３月に花盛りを迎えるユキヤナギ。開花時の変化は劇的で、芽吹きからほんの５日ほどで枝が真っ白に変わります。その秘密は、ひとつの花芽の中に、花がひとつだけでなく、２～４つも入っていること。なるほど。そりゃ一気にたくさんの花が咲くわけですね。

樹木について

ユキヤナギ

咲き始めたら一気に枝中が真っ白に変わる。本当に雪が降っているかのよう。

［分　類］ バラ科シモツケ属
［樹　高］ 0.5～2m
［性　質］ 落葉樹
［探すなら］ 公園、庭木、生垣

見つけた冬芽はこのくらい

青空のチアリーダー

芽吹きファイル
9

のっぺらぼうのようなつるっとした冬芽から出てくるのは、なんともかわいい葉っぱです。両手をあげ、風に吹かれてヒラヒラ揺れる姿は、まるで春を祝福してくれているかのようです。

樹木について

ユリノキ

半纏（はんてん）のような葉っぱが特徴。芽吹きたては2つ折りになっています。5月に咲く花はチューリップのよう。

[分　類]　モクレン科ユリノキ属
[樹　高]　3～30m
[性　質]　落葉樹
[探すなら]　公園、街路樹

見つけた冬芽は
このくらい

芽吹きファイル10

ふわふわ うさぎの耳

金色に輝く冬芽から出てくるのは、細かい毛がたくさん生えた白い若葉。まるで垂れ下がったうさぎの耳のようで、手触りもとってもいいです。葉っぱが大きくなると、ツルツルの手触りに変わるので、変化の大きさに驚かされます。

樹木について

シロダモ

芽吹きは、一度上に伸び、次第に垂れ下がる。大人の葉っぱになると、ツルツルになる。葉裏が白いのも特徴。

[分　類] クスノキ科シロダモ属
[樹　高] 2～15m
[性　質] 常緑樹
[探すなら] 東北～沖縄の山地。大きい公園の樹林地でも見ることがある。

芽吹き

毛

葉

見つけた冬芽は
このくらい

本書の参考文献＋もっと冬芽を楽しみたい人におすすめの本

● 冬芽ハンドブック

広沢 毅 解説／林 将之 写真　文一総合出版

まず一冊、冬芽の図鑑を持つならこれで決まり。美しいスキャン画像で冬芽の特徴が捉えられているので、実物と見比べやすいつくりになっています。また、解説がとっても分かりやすいので、冬芽観察の心強いお供になってくれます。

● 樹皮ハンドブック

林 将之 著　文一総合出版

こちらは、樹皮だけが載っている図鑑です。上述の『冬芽ハンドブック』でどの植物か決め手に悩む時があったら、追加でこれを使うのがおすすめです。僕は、冬はこの２冊をセットでいつもカバンに入れています。ハンディサイズなので、軽く、持ち運びやすいのも有難いです。

● 樹皮と冬芽　四季を通じて樹木を観察する 431種　ネイチャーウォッチングガイドブック

鈴木庸夫・高橋 冬・安延尚文 著　誠文堂新光社

とても多くの冬芽が載っているので、外で撮ってきた写真を家で落ち着いて調べたい時によく使っています。ただページをめくり、自分の好きな冬芽を探すのも楽しいです。本を読んでから気に入った冬芽を実際に探しに行くのも、おすすめです。

● 環境Eco選書 10 冬芽と環境〜成長の多様な設計図〜

八田洋章 編　北隆館

植物について基本的な知識を既に持っていて、冬芽とはなにかをさらに追及したい方におすすめ。僕が知る限り、一般人でも入手できる本の中で、一番詳しい冬芽の本だと思います。専門的な内容も含まれていますが、とても平易に書いてくれているので、楽しめます。

● ふゆめがっしょうだん

冨成忠夫・茂木 透 写真／長 新太 文　福音館書店

言わずとしれた、名作絵本です。冬芽観察は、その見た目を楽しむだけでも十分に魅力的。理屈抜きで、感性で楽しむこと。それだって立派な植物観察なんだと、この絵本を読むといつも思います。

その他の参考文献

- **図説　植物用語事典**　清水建美 著／梅林正芳 画／亘理俊次 写真　八坂書房
- **山溪ハンディ図鑑 14 増補改訂　樹木の葉**　林 将之 著　山と溪谷社
- **樹木の冬芽図鑑**　菱山忠三郎 著　オリジン社、主婦の友社

2章
冬芽の作戦ファイル

1

葉っぱ？それとも花？

（葉芽、花芽）

ここまでは、冬芽を外見から楽しんできました。**今度は、その内面に近づいていきます。**

冬芽には、いくつかの形があります。たとえば**ハナミズキ**の枝先には細長くとがった冬芽と、丸い冬芽がついています（❶〜❸）。形がちがえば、その中身もちがうのでは？と思うのですが、両者の外側はかたいガードで守られていて、外から見ても、よく分かりません。こんな時、僕たちにできることはひとつだけ。**ただただ、季節が変わるのを待つのみです。**

ハナミズキの冬芽。とがったの（右）と、丸いの（左）がある。

2

3

春になれば冬芽はほころび、自然と中身が出てきます。その時にまた観察すればいいのです。このゆっくりさが冬芽観察のペースです。

3月下旬から4月中旬にかけて、ハナミズキを観察すると、とがった芽からは緑色の葉っぱが出てきて（❹）、丸い芽は花に変わっていくことが分かります（❺〜❻）。これで、冬に抱いた疑問はあっさり解決。**形がちがう2種類の冬芽は、やっぱりそれぞれ中身が異なっていたのです。**

葉っぱが入っている冬芽を「**葉芽**（ようが）」とよび、花が入っている冬芽は「**花芽**（かが）」とよびます。およその傾向として、細くとがっているのは「葉芽」で、丸かったり大きかったりすると「花芽」であることが多いです（ヤブツバキ❼〜❾）。

とがった芽から出た葉っぱ。

丸い芽は花に変わる。

ヤブツバキの冬芽。大きな花芽と小さな葉芽がついている。

葉芽からは、葉っぱだけが出る。

花芽からは、花が咲く。

2 あれ？ 葉芽でも花芽でもないものがあった（混芽）

続いて、**イロハモミジ**の冬芽を見てみます。

……とその前に。そもそも落葉した冬の樹木は見分けられない、という方がいらっしゃると思います。その場合は公園に行き、木にかかっている**ネームプレートを参考にしてください。**イロハモミジはよく植えられているので、探せる可能性が高いです。

さて、この木の枝先には、赤く小さな冬芽が並んでふたつついています。僕は、これを「豚の蹄（ひづめ）」と言っていたのですが、友人が「寄り添う二人」と例えたのを聞いて以降、僕にも「小人」に見えるようになりました（❶）。**冬芽の形が何に見えるかを、みんなで言い合うのも楽しい観察になります。**

それでは、この小人二人の中には何が入っているでしょう。予想を立て、また春まで待ってみます。

3月下旬になると、イロハモミジの冬芽はほころび、枝先から緑色の葉っぱと、赤く丸い粒々が一緒に出てきます（❷）。葉っぱはいいとして、この赤い粒は何でしょうか。

ちがう枝先を見ると、赤い粒がぱっと開いているものを発見しました。この姿、花のようです（❸）。ということは、**この冬芽の中には、葉っぱと花の両方が入っていた**ということになります。こうしたものは、混合の芽と書いて「**混芽**（こんが）」とよばれます

これで、冬芽には3種類あることが分かりました。

「葉芽」「花芽」「混芽」です。この冬芽の中身は何かな？と考えていると、冬のクイズのようで楽しくなってきますよ。（❹〜❼も参照）

ひとつの芽から、葉っぱと花が出てきたのが分かる。

イロハモミジは、混芽だけでなく、葉っぱだけしか入っていない「葉芽」も持つ。

ニワトコの冬芽。左の小さいのは葉芽で、右の大きいのは混芽。

ニワトコの葉芽の芽吹き。

ニワトコの混芽の芽吹き。

3

冬芽の顔の正体は？
（葉痕と維管束痕）

観察を続けていく前に、ひとつ確認しておきたいことがあります。**冬芽の「顔」の正体**についてです。

1章では冬芽を見て、笑ってる、とか、動物に見える！　と楽しんできました。でも、**冬芽そのものは、じつは帽子や頭髪に見える部分で、目と口の部分ではありません。**では、冬芽の「顔」と言った時に僕たちが注目する部分、これって一体……？

この疑問も、観察で解き明かしていきましょう。ヒントにしやすいのは、ユズリハ。この木の枝には、ニコっと笑った丸顔がよくついています（❶）。

ユズリハは、4月上中旬に古い葉っぱを落とし、同時に新しい葉っぱを出します。なので、この時だけ、新緑の明るい緑と、落葉直前の黄色、まだ落葉しない大人の濃い緑の葉っぱの3色が現れます（❷）。古い葉っぱが新しい葉っぱに世代を譲るように見えるので、「譲る葉」、転じてユズリハという名前がつけられたそうです。

ユズリハを近所で見つけたら、黄色い葉っぱに注目。これはちょっと触っただけで取れるので、葉っぱの付け根を軽く引っ張ってみてください。ポロっと取れたら、枝の方を見ます。**するとそこに、顔が現れるのです**（❸〜❹）。さてはと、取れたばかりの葉っぱの付け根を見ると、なんとそこにも同じ顔がありました（❺）。

これでヒントは出そろいました。まず、枝につく顔の輪郭の部分。これは葉っぱが取れた痕なので、「**葉痕**」と言います。では、その中の目と口はというと、これは「**維管束痕**」とよばれるものになります。

維管束とは、簡単に言うと糖分や水分の通り道です。葉っぱで作られた栄養を、枝を通じて幹に運んだり、根から吸い上げた水分を、幹から枝、葉っぱへと運んだりする管の集まりです。**葉っぱが落ちると、その管の痕跡が残る**のです。

葉痕は、葉っぱの付け根の形なので、樹種によって様々な形があります。オニグルミはT字型（P56）、クサギなら馬の蹄のような形です（P58）

維管束痕にも様々なものがあります。たまたま目と口のように配置されたもののほかに、タラノキのようにたくさんの点がついていて、顔には見えないものもあります（❻〜❼）。**葉痕と維管束痕は、樹種によって個性があるので、ここに注目すれば樹種を見分けるヒントにすることができます。**

冬芽からは、これから葉っぱや花が出てくるので、いわば未来が詰まっているものとも言えますが、葉痕はすでに役割を果たし終えた部分なので、こちらは過去を見ていることになります。**未来と過去、両方を楽しんでいるのが冬芽観察**というわけなのです。

どうでしょうか。そう思うとちょっとおもしろく感じてきませんか？

タラノキの葉っぱのつけ根は、枝を覆うようになっている。

U字形の葉痕の中に、維管束痕が点々とたくさんついている。

4

何重もの鱗に覆われて

（鱗芽その1）

冬芽には、**春に出す葉っぱや花を大事に守る**役割があります。ここからは、いよいよ冬芽の冬対策の観察をしていきます。

生垣のドウダンツツジの冬芽を見てみましょう。5〜7ミリ程度と小さいですが、その赤が目立つので慣れれば見分けられるようになります。「**マッチ棒みたい**」と、僕の友人は言っていました。

小さな火が灯ったかのような冬芽をよく見ると、その赤い部分には**魚の鱗のようなものが何重にもついている**ことが分かります。見た目からでも、この鱗には、冬の乾燥や寒さから、その中身を守る効果がありそうだと分かります（❶〜❷）。

ここで気になるのは、中身の様子です。いつも春まで待つのは大変なので、今回はこの鱗を一枚ずつはがしてみることにしました。

小さな冬芽なので、ピンセットではがしていきます。1枚2枚と慎重に作業を進め、21枚目まで取ると、ようやく中身が現れました。球体の粒々が見えます（❸）。球体の葉っぱというのは考えにくいので、**どうやら花のつぼみ**のようです。ルーペで拡大すると、花のつぼみのそばには短くとがったものもついています。きっとこれが葉っぱです（❹）。ということは、この冬芽には、花と葉っぱが両方入っているようです。つまり、「混芽」です（❺）。ちなみに、ドウダ

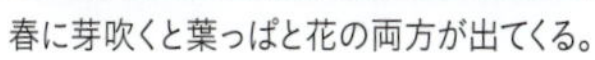
春に芽吹くと葉っぱと花の両方が出てくる。

ンツツジは葉芽も持つので、中身が葉っぱだけのこともあります。

出てきた花と葉っぱの赤ちゃんは、とっても柔らかくて弱々しいです。**もしもこれが、このまま外に露出していたら、雨風にあたるだけですぐに駄目になってしまいそうです。**この鱗には、やはりその中身を守る効果がありそうです。

まわりが鱗で覆われる冬芽のことを「**鱗芽**（りんが）」とよびます。そして、鱗芽を作る鱗ひとつひとつを指す時は、文字の順番をひっくりかえして「**芽鱗**（がりん）」とよびます。ちょっと混乱しますが、芽につく鱗なので、複雑に考えず、文字通りだと思ってください。

鱗芽を持つ樹木は多くあり、芽鱗の数は樹種によって様々。たとえば、僕が実際に数えたもので言うと、ナツツバキ（P64）は2枚と少なく、アラカシはなんと66枚もありました（6～7）。

ただし、芽鱗の枚数は樹種によって「多い」とか「少ない」といった傾向はありますが、正確に数が決まっているわけではありません。ぜひみなさんも数えてみてください。

ちょっとおもしろい鱗芽としては、トチノキがあります。なぜか、芽鱗の表面に樹脂のようなものがついているのです（8）。どうしてそうなっているのか、僕には分かりませんが、ベタベタすることで虫の食害対策になっていたり、防寒性能が上がっているのかもしれません。

芽鱗の数や形に注目すると、樹種による鱗芽の個性が見えてきます。たくさん見比べてください。

6

8

7

5

毛むくじゃらの鱗を発見（鱗芽その2）

2月末。まだ冬の気配が残る中で散歩していると、**あしもとにフワフワした手触りの何かが落ちているのを見つけました**（❶）。

近くの樹木を見上げると、枝先に大きな冬芽がついていています。毛がびっしり生え、暖かいコートのようです。手触りを楽しんでいると、コートが取れかけている冬芽も見つけました。取れかけのコートの中には、どうやらまたコートがあるようです（❷～❸）。

なるほど。先ほどあしもとで見つけたものは、こ

❶

2

3

の冬芽の抜け殻だったようです。
　これに気付いてから、この冬芽を何度も観察しました。すると、3月上旬にこの冬芽は、コートごと急に大きくなり、その中から白いものが出てきました。**そして、ついに咲いたのです。上向きの大きな白い花が！**（❹〜❺）　気付けば木全体が白い花で覆われていて、遠くからでもよく目立つようになりました。
　これで分かりました。コートの持ち主は、街路樹としてよく植えられる**ハクモクレン**だったのです。寒い時期に、花の赤ちゃんを駄目にしないようにコートを何枚も着て守っていることを思うと、その手触りの優しさにも納得というものです。前に見た、ツルツルのドウダンツツジの冬芽とは見た目が随分ちがいますが、ハクモクレンは鱗に毛が生えているというつくりなので、これも**「鱗芽」のバリエーションのひとつ**になります。
　花の雰囲気がよく似たものにコブシがあります。ハクモクレンの花芽は上向きにつくことが多いですが、コブシの花芽はあちこち色々な方向を向くので見分けがつきます（❻〜❼）。

コブシの花芽は、横を向いていることが多い。

コブシの花の後ろには、葉っぱが１枚つく。これもハクモクレンとのちがい。

6 キャップをすぽっとかぶったら（鱗芽その3）

時には、あら、これってどういうことなのだろう？と思う冬芽を見つけることがあります。**ホオノキ**がそのひとつです。山地で見る樹木ですが、公園でも植えられていることがあります。30〜40センチもある大きな葉っぱが特徴です（❶）。

この冬芽は表面がスベスベで、**鉛筆のキャップのよう**（❷）。すぽっと取れて芽吹きそうですが、引っ張っても取れません。どうなっているのでしょう。

じつはこれ、筒状になった1枚の芽鱗に見えますが、そうではありません。2枚の芽鱗がくっついて筒状になっているのです。その証拠に、冬芽の表面には縦に1本うっすらと筋が通っているのが分かります。ここが芽鱗がくっついた痕跡です。なので、ここをカッターで切ってみると、キャップを取ることができます（❸）。でも、その中からはまたキャップが出てきます。しかもなぜか銀色の羽のようなものもついてきました（❹）。

よく分からないままに、次のキャップも切ると、またキャップが出てきます。今度は、そのキャップ自体に銀色の羽がくっついています。同じことを何度も繰り返し、**11回キャップを外すと、ようやく冬芽の中身は空っぽになりました**（❺）。

謎だらけなので、順番に観察してみます。まずキャップについていた銀色の羽から。柔らかく、毛

5月に咲く花も大きい。

キャップのような冬芽の縦筋を切ると、キャップが取れる。中にはまたキャップが…。

キャップと羽が交互に入っている。その数は冬芽によって様々。

並みの良さは抜群。どうも半分に畳まれているようなので、ピンセットで開いてみます。すると、内側は緑色で、葉脈がはっきりとついています。なんとこれ、葉っぱだったのです（❻〜❼）。どうやら**ホオノキの冬芽の中身は、キャップと葉っぱが何層にも重なるミルフィーユ状態**になっていたようです。

４月中旬頃に、改めてホオノキを見に行くと、芽吹きがはじまっていました。灰色からピンクに変色したキャップがふたつに分かれて取れて、次のキャップが出てきているものがあります（❽）。やはりキャップは２枚の芽鱗がくっついてできていたのだということがよく分かります。

続いて、葉っぱが出ている芽に注目すると、**緑色の葉っぱ１枚につき、ピンク色のものが一緒に出てきています**（❾〜❿）。冬芽の中で、葉っぱとキャップは交互についていたので、このピンク色のものは、キャップが芽吹きの時に大きくなり、色変わりしたものだと考えられます。まるで、若い葉っぱの一枚一枚を、キャップが守っていたかのような見た目です。

ピンク色になったキャップは、やがて落ちていき、あとには大きくなった緑色の葉っぱが残ります（⓫）。

これで葉っぱは独り立ち。太陽の光を一身に集め、生きていくための糖分やエネルギーを自分で作り出していくのです。がんばれがんばれ、ホオノキ！

9
6
10
7
11
8

7 芽鱗って何でできているの？

鱗芽を観察していると、「**芽鱗って、そもそも何でできているの？**」という疑問が浮上してきます。

（ここから先、少し込み入った話になります。難しかったら読み飛ばし、次の項目へお進みください。）

分からないことがあったら、僕はまず、用語を調べます。『図説 植物用語事典』（八坂書房、清水建美著／梅林正芳画／亘理俊次写真）のP228には、芽鱗は「冬芽をおおい、これを保護する**鱗片葉**」とあります。そして、P144で**鱗片葉**は「光合成をおこなわず、普通葉よりいちじるしく小型となった葉」と書かれていました。

つまり、芽鱗は「葉っぱ」が特殊化したものということのようです。そう言われれば、芽鱗一枚一枚は楕円形をしていることが多いので、確かに葉っぱ由来に見えてきました。ただここで気になるのは、前に見たホオノキです（P148）。この冬芽の分解を見返すと、これは、キャップ状の芽鱗に葉っぱがつく不思議なつくりをしていました。キャップ状だとしても、「芽鱗は葉っぱ」なのだとすれば、これは、**キャップ状の葉っぱに、さらに葉っぱがついている**ということになります。その理解でいいのでしょうか❶。

これには『冬芽と環境』（北隆館、八田洋章編）が答えてくれました。P301に、モクレンの仲間の冬芽は「1対の托葉(たくよう)が葉柄(ようへい)を中心に合着(がっちゃく)したキャップ状の芽鱗ですっぽり包まれており」と書かれていま す。つまり、**キャップの正体は托葉**だと言うのです。

話がややこしくなってきました。まず、「托葉」の説明をせねばなりません。たとえばソメイヨシノの若い葉っぱを見ると、その付け根に、小さいギザギザのものがついているのが分かります（2）。これが「托葉」です。じつは葉っぱは、その本体である「葉身（ようしん）」と、葉身と枝をつなぐ軸の「葉柄（ようへい）」、そしてその付属物の「托葉」の3パーツからできています。でも、托葉は初夏には取れてしまうものも多く、一般的にはあまり知られていない存在です。

ホオノキの冬芽は、キャップと葉っぱが交互に入るつくりになっていました。「キャップは托葉」と理解して観察し直すと、これはつまり、それぞれの葉っ

これだと、葉っぱに葉っぱがついているということになってしまう。

ぱに葉っぱ（キャップ）がついているのではなく、**それぞれの葉っぱに托葉（キャップ）がついている**ということになります。前述の通り、托葉は葉っぱの一部分なので、それなら違和感がなくなります。同じモクレン科のユリノキで改めて観察してみたのが写真❸〜❹です。こうして見ると、少し理解しやすい見た目なのではないでしょうか。

さらに分かりやすい観察例を探すと、12月上旬に、写真❺のような姿のハクモクレンを見つけました（これもモクレン科です）。枝先の黄色いキャップに、葉っぱがくっついています。

キャップについた縦筋をカッターで切ると、葉っぱとキャップがセットで取れて、中から毛むくじゃらの芽鱗が現れました（❻〜❽）。キャップが、葉っ

ユリノキの冬芽の分解。半纏形（はんてんがた）の葉身に、葉柄がつき、それが托葉（キャップ）とつながっているのが分かる。

5
7
6
キャップ
（托葉由来の芽鱗）
葉身
葉柄
8

ぱの一部分の托葉であることに、これまた納得感のある見た目をしています。

でも、まだ疑問が残ります。ここまでの理解でいくと、中から出てきたフワフワ芽鱗も托葉のはずなのに、これには葉身がついていないのです。

またまたよく観察すると、**フワフワの芽鱗の一部が少し盛り上がっている**のが分かります（9）。じつは、この部分が、葉っぱ本体（葉身）が落ちた痕なのだと考えられています。本来はここに葉っぱがついていたのではないか、ということですね。

本当にこの説明でいいのかちょっと心配ではありますが、僕はこのように理解しました。

細部を観察し、理解していく。**植物観察は、謎解きをしているみたいで楽しいです。**

8

裸でも守る（裸芽）

低山のハイキングを楽しんでいたところ、かわいらしい冬芽が目に入りました。両腕をあげてストレッチしているかのような姿です。冬芽のそばに小さな球がついていたため、すぐにムラサキシキブだと分かりました（❶〜❷）。

この冬芽は、これまでに見てきたものとはちがい、**芽鱗を持っていません。**葉っぱそのものを小さく縮こまらせているだけなのです。その証拠に、冬芽を見返すと、その表面に葉脈の筋を確認することができます。**このように、芽鱗を持たない冬芽は「裸芽」**といいます。

❶

❷ 秋の様子

ムラサキシキブが裸の芽でも冬をしのげる秘密はどこにあるのでしょうか。これもまた、春を待てばヒントを得ることができます。

3月中旬。ムラサキシキブの枝先を見ると、冬芽が少し伸びていました。灰色だった冬芽が、うっすらと緑色に変わっています。そのまま見ていると、葉っぱはやがて薄緑色になり、大人の葉っぱへと変わっていきました（❸〜❹）。

この色の変化で分かるかもしれません。じつは冬芽の時の灰色は、びっしりついた毛の色だったのです。春に冬芽（葉っぱ）が大きくなれば、自然と毛の生え方はまばらになるので、地の緑色が出てくる、というわけです。

鱗がなくても、葉っぱそのものをぐっと縮こまらせて、さらに毛を密生させていることが、防寒対策として効果があるのではないかと考えられます。

この話をすると、「ハクモクレンの冬芽（P144）も毛むくじゃらだったよ。一緒じゃない？」と言われることがあります。でも、ちがうのです。

なぜなら、ハクモクレンは葉っぱそのものではなく、そのまわりの芽鱗に毛が生えていたからです。**毛の生えたコート（芽鱗）を羽織るのがハクモクレンなら、いわば体毛自体が濃くなっているのがムラサキシキブ**なのです。

日本の場合、鱗芽を持つ樹木の方が多く、裸芽を観察する機会は少ないのですが、まちなかでも、**アカメガシワ**で裸芽を観察することができます（❺〜❽）。探してみてください。

冬芽を真横に切ると緑の葉っぱに茶色の毛がびっしり生えていることが分かる。

アカメガシワの冬芽

芽吹くと、葉っぱの表側からは赤い毛が出てくる。

9

外からは、見えません（隠芽）

冬芽の中には、そもそもどこに冬芽があるのか分からない！と困惑してしまうものもあります。

そのひとつが、**ネムノキ**です（❶）。公園のネムノキの枝をいくら見ても、芽らしきものは見当たらず、代わりに葉痕ばかりが目立っているのです（❷）。もしかして枯れた？と不安になる姿です。

4月になり、多くの木々が芽吹き出しても、ネムノキは葉っぱを出しません。やっぱり枯れたのかな。そう残念に思っていると、5月に入ってようやく枝に緑色が見えてきました。

❶

そうでした。ネムノキは芽吹くのが遅い樹木で、5月頃にやっと新緑の季節を迎えるのでした。もう、ネムノキより、ネボスケの木と言った方がいいかもしれません。

それはさておき、芽吹きに近づいて観察すると、思わず、えぇ～！とびっくり。なんと、葉痕を突き破るようにして葉っぱが出てきていたのです（3）。そ、それはいくらなんでも強引では？と思ってしまう見た目です。でも枝葉はそのまま伸びていきました（4）。

じつは**ネムノキの冬芽は、ないのではなく、枝の中に隠れていた**のです。ちょうど葉痕の内側あたりに芽があるので、芽吹きの時には葉痕を突き破って葉っぱが出てくることになります。

このように、枝の外側には出ず、春まで枝の中に隠れている冬芽を「**隠芽**」とよびます。ほかには、サルナシやハリエンジュ（ニセアカシア）でも観察できます（5〜8）。枝を突き破るのは大変そうですが、寒い冬を枝の中で耐えしのぶのはうまい方法にも感じます。

これに関連して、ちょっとおもしろいのはマタタビ。これも似たようなつくりに見えますが、こちらは冬芽の時にほんの少しだけ芽が外に突き出しています。半分隠れているということで、こちらは「**半隠芽**」とよばれます（9〜10）。

サルナシの隠芽。

サルナシの芽吹き。

ハリエンジュの芽吹き。

ハリエンジュの隠芽。

マタタビの芽吹き。

マタタビの半隠芽。

10 スタメン選手と、控え選手（主芽と副芽）

冬芽の勉強をしている時、先輩からこんなことを教えてもらったことがあります。「エゴノキは、枝の一か所に大小ふたつの冬芽をつける。大きい冬芽が小さい冬芽をおんぶしている格好になるので、これでエゴノキだと見分けられる」と。

続いて、「大きい方を『主芽（しゅが）』、小さい方を『副芽（ふくが）』とよぶ。普通は『主芽』だけが芽吹く。でも、主芽が枯れたりしたら、『副芽』が芽吹く」と。

なんですかそれ。サッカーのスタメン選手と控え選手の関係みたいじゃないですか！と喜びつつ、僕は頭の片隅で、先輩……。それ本当ですか？と思っていました。

ということで、疑い深い僕は、実際に自分で観察してみることにしました。

まずは通常の芽吹きを観察。暖かくなり、冬芽がほころぶ頃に見ると、確かに大きい主芽だけが芽吹き、小さな副芽に変化はありません。スタメンの冬芽からだけ枝葉が伸びていきました（観察1 ❶～❸）。

今度は、冬の間に主芽を指でつまんで取ってみました。試合前にスタメンが怪我したような状況です。すると、芽吹きの季節にはなんと控え選手の副芽が芽吹いてきました。おぉ、やっぱりあなたは出番を待っていたのね！と感動です（観察2 ❹～❺）。

ここまで来るともう1パターン試してみたくなり

［観察１］

なにもしないで見守ると、主芽だけ大きくなり、副芽は変化しない。

［観察２］

冬に主芽を取り、副芽だけにする。すると、春に副芽が伸びてきた。

ます。まずは、なにもしないで芽吹きを待ちます。すると、主芽だけ芽吹き、副芽は芽吹いていない状態になります。ここまでは、観察1で見た通り。ではこのタイミングで、芽吹いた主芽を取り除いたらどうなるでしょうか。サッカーで言うなら、スタメンが前半の途中で怪我をしてタンカで運ばれたような状況です。さぁ、このあと、控え選手の副芽はどうなったかと言うと……やはりちゃんと数日後に芽吹いてきたのです。立派に控え選手の役割を果たしていました（観察3 ⑥〜⑧）。

　これで僕は納得。先輩が教えてくれたことは本当でした。エゴノキは、**冬の間になんらかの理由で主芽が駄目になっても挽回できるよう、副芽という保険を持っていたのです。**なんという慎重派でしょうか。芽吹いたエゴノキは、そのまま順調に成長すると、5月頃に甘い香りの花を咲かせます（⑨）。

　主芽と副芽は、他の樹木でも観察することができます。特に、野山で観察できる**ジャケツイバラ**というつる植物は、副芽がたくさんつくことで有名です（⑩〜⑪）。

春に主芽が芽吹いてから、その枝葉を取る。20日後に見に行くと、副芽が伸びていた。

5月、黄色い花を咲かせる。

ジャケツイバラの冬芽。副芽がたくさん。

11

葉っぱの中に隠れちゃおう（葉柄内芽）

秋から観察しておけると良いものもあります。ハクウンボクがそのひとつです（P108）。

この樹木は葉っぱの手触りがベルベットのようで独特なので、僕はよく、観察会中にみなさんにこれを触ってもらうようにしています。

その際、「ハクウンボクは、どこに芽があるの？」と質問されたことがありました。葉っぱの話をしていたのに、芽を探していたその方の自主性に驚きつつ、心では「いい質問ですね！」と密かに思いました。「その答えは、冬のはじめに分かりますよ」と、思わせぶりに答え、その場をしのいでおきました。

季節が進み、12月上旬のこと。その質問をしてくれた方と一緒に、またハクウンボクを見に行きました。葉っぱは茶色く枯れているものの、まだ枝に残っています❶。前に受けた質問をみんなで思い出し、まずは冬芽を探しますが、やはり見つかりません。おっほん、それでは……。とやや勿体（もったい）ぶりながら、「いまにも落ちそうな枯葉を指で取ってみてください」と僕は促します。「その時、葉っぱの付け根に注目ね！」とだけヒントを出しておきます。

落ちる寸前の枯れ葉は、指でつまめば簡単に取れます。すると、葉っぱが取れた枝の方に……、**なんとそこに今までなかったはずの冬芽が現れる**のです（❷～❸）。

取った葉っぱの付け根を見ると、そこには空洞があり、ちょうど冬芽を包める形になっています（❹）。そう。ハクウンボクは、**葉っぱの付け根の中に冬芽を隠していた**のです（❺）。葉っぱと枝がつながる軸の部分を「葉柄（ようへい）」と言います。葉柄の内側に冬芽が隠されているので、これを「**葉柄内芽**（ようへいないが）」とよびます。なんというトリッキーな仕組みでしょうか。

実際に観察すると、そのつくりの精巧さに驚かされるので、ぜひ近くで探してみていただきたいです。身近な樹木なら、モミジバスズカケノキなど、プラタナスの仲間でも観察できます（❻）。

❹

緑の葉っぱがついている時に探しても、芽は見つからない。

モミジバスズカケノキでも同じ観察ができる。

12

冬芽はいつから観察できる?

葉柄内芽を見ていて、こんな疑問が出てきました。枯れ葉の中に、すでに冬芽があるのなら、もしかして冬芽は、冬の前にはもうできているってこと?と。

じつはその通りで、**冬芽は夏頃から観察することができます。**

分かりやすい例として、コブシがあげられます。3月に白い花を咲かせていたコブシを、8月に見に行くと、枝中が葉っぱで覆いつくされています(❶)。この時に枝先を探せば、**フワフワの花芽がもう見つかるのです**(❷)。一年で一番暑い時期に、もう冬の準備を観察できるなんてびっくりです。

夏に冬芽が観察できるなら、これを見分けのヒントにすることも可能です。たとえばミズキとクマノミズキ。よく似ているので、葉っぱの付き方や開花時期に注目して見分けるのが一般的ですが、夏頃からは、冬芽もヒントになります。ミズキは、赤い芽鱗に包まれた冬芽で、クマノミズキは、黒い裸芽なので、ここを見比べれば、簡単です(❸~❻)。

ほかにも、クヌギとクリ(❼~❾)、シャリンバイとウバメガシ(❿~⓭)など、冬芽が見分けのヒントになる樹木はいくつかあります。

冬芽は分かりにくい……というイメージがあるようですが、むしろ冬芽の方が分かりやすいという時もあるのです。

5月に咲くミズキ。夏の枝先には、赤い鱗芽が見られる。

6月に咲くクマノミズキ。夏の枝先には、黒い裸芽が見られる。

葉っぱがよく似ているクリ（左）とクヌギ（右）。

クリの冬芽は丸っこい。

クヌギの冬芽は芽鱗が多い。

シャリンバイの冬芽は丸っこい。

ウバメガシの冬芽は芽鱗が多い。

13 はじめは鱗、のちには裸（冬芽の合わせ技）

ここでひとつ問題を出します。

写真❶のリョウブの冬芽をまずはご覧ください。さぁ、これは鱗芽と裸芽のどちらでしょうか？

笠のようなものがポコンと乗っかっているので、これまでの整理からすると鱗芽のようです。でもちょっと変です。この笠、すでに取れかけているので、これで芽鱗の役割が果たせているのか、疑問なのです。

それではと、笠（芽鱗）の下の部分を見ると、冬芽自体が毛で滑らかに覆われているのが分かりました。あれ。となるとこれはやっぱり、毛むくじゃらの裸芽なのでしょうか。

こういうところに、植物観察のちょっとしたポイントがあります。何かを整理して理解しようとすると、必ずと言っていいほどそのどちらにも当てはまらないものが出てくるのです。

こういう時は、鱗芽か裸芽かの二者択一で悩むのではなく、**見たまんま素直に「はじめは鱗芽で、のちに裸芽」と受け止めればOK**です。

ちなみに、リョウブの新緑は、枝先にぴょんぴょん飛び跳ねるように若い葉っぱがつくのが特徴です。春の林を楽しく演出してくれるので、リョウブの新緑は、僕のお気に入りのひとつです（❷）。

さて、合わせ技のようになっている冬芽は、ほかにもあります。

たとえば、葉柄内芽を観察したハクウンボク（P168）なら、葉っぱが取れて出てきた冬芽は、毛が生えた裸芽です。しかも主芽と副芽がついています。

つまりこの場合、**葉柄内芽＋裸芽＋主芽と副芽の3つの合わせ技になっている**というわけです（❸）。

ほかにはどんな方法があるか、様々な樹木で観察して楽しみましょう！

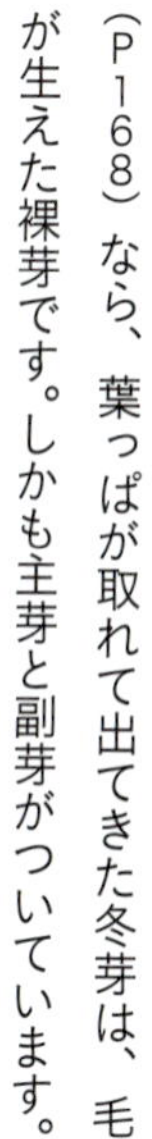

ハクウンボクの冬芽。葉っぱが取れて出てくる冬芽は、毛むくじゃらの裸芽。「主芽」と「副芽」を持っている。

14

葉芽の中身は葉っぱ1枚？それとも…（葉芽の補足）

最後にいくつか補足の観察をしていきます。冬芽には、まだ疑問がたくさんあるからです。

たとえば、葉芽の中には何が入っているのだろう、という疑問。…何をいまさら。葉芽だから、葉っぱでしょ。そう思う方だらけのはずなので、こう質問を変えてみます。

「ひとつの葉芽の中には、葉っぱは何枚入っているでしょうか？」

どうでしょう。そう聞かれると、一瞬あれ？と思いませんか。

葉っぱは1枚だけのようにも思うし、芽吹きの時には葉っぱが何枚も出てくるので、ひとつの葉芽には葉っぱが何枚も入っているようにも思えます。

前提として知っていると思っていたことも、よくよく考えると実際にはどうなっているのか意外と分からないものです。僕はこういうところに、自分自身の目で確かめていくことの大切さを感じています。**知っている、じゃなくて、納得したいのです。**

ということで、今回は**サルスベリ**を例に、冬芽から葉っぱが出てくる様子を見守ってみます。

まず冬芽の形を確認。目立たない姿ですが、鱗芽です（❶）。この芽が春に膨らむと、葉っぱが出てきます（❷～❹）。1枚だけではなく、何枚も出てきたので、先ほどの質問の答えは、「葉っぱが何枚も入っ

3
1
4
2

ている」になります。見れば簡単でした。
ただ、ここでさらに注目してほしいのです。葉っぱが何枚も出てきたということは、葉っぱと葉っぱをつなぐ何かが必要になります。
これも見ればすぐに分かります。そう。**枝が、入っているのです**（❺）。
……少々不安になってきました。それって、改めて説明しないといけないことなの？という声が聞こえてきそうだからです。
でも僕は、これをはじめて知った時、とても驚いたのです。だってすごい収納術ですよね。あの小さな葉芽の中に、枝と複数枚の葉っぱが全部入っているなんて。
春の新緑が一気に進む理由は、冬芽の中にたくさんの葉っぱが入っているからで、**それはつまり、それをつける枝があるから**なのです（❻〜❼）。
なので僕は、冬芽の中から出てくる枝を見るのが大好きです。これからも観察し続けますよ。新緑、じゃなくて、新枝を！

ひとつの冬芽に、枝と複数枚の葉っぱが入っているので、一気にたくさんの葉っぱを出すことができる。

夏にピンク色の花を多数つける。

15

そうかと思えば枝がない葉芽があった？（長枝と短枝）

枝への熱い気持ちを語ったあとに、困ったことが起きました。**なんと、枝がない芽吹きを発見してしまったのです。**

僕が観察していたのは、イチョウです。芽吹きの様子に、どうも2パターンあるようなのです。枝の先端についた葉芽からは長い枝が出てきたのに（❶）、それより手前にある葉芽からは、枝が出てきたようには見えません。葉芽があった場所から、複数の葉っぱが、枝無しで出てきたように見えます（❷）。

枝がないというのはどういうことでしょう。図鑑では、イチョウには「**長枝**（ちょうし）」と「**短枝**（たんし）」があると書かれています。枝先の葉芽には「長い枝」が入っていたため、枝が見えやすかったのですが、そうじゃない葉芽には「短い枝」が入っていて、**その短さというのが本当にとっても短いので、ぱっと見では枝がないように見えていた**ということのようです。

なんだ、そういうことかと一安心。やっぱり枝は、ないわけではなかったようです。

長枝と短枝の話を頭に入れてから、イチョウの新緑を見ていたら、これもまた、なかなかおもしろいものだなぁと思えてきました。というのは、イチョウはこの長枝と短枝の組み合わせで、うまいこと葉っぱを展開していることが分かってきたからです。

イチョウの枝先の葉っぱの出方。長い枝が伸び、そこに葉っぱがつく（長枝）。

枝先より手前の葉芽から出る枝は極端に短い。一か所から葉っぱが多く出たように見える（短枝）。

新緑の頃のイチョウの枝ぶりを下から見上げると、先端の冬芽からは長い枝が出て、より遠くへ葉っぱを出していることが分かります。もし、先端以外の場所にある葉芽も、これと同じように長い枝を出したら、**狭いスペースに葉っぱが互いに重なり合い、ごちゃごちゃしてしまいそうです。**でも大丈夫。なぜならそういう場所では、長い枝は出ず、短い枝から葉っぱが出るからです。こうしてコンパクトに展開すれば、ほかの葉っぱと重ならないように、葉っぱをたくさん出すことができます（3〜4）。

長枝と短枝の巧みな使い分けで、太陽の光を効率よく集める姿が作られていました。

やっぱり、枝ってすごいかも。

◯は今年伸びた長枝。それ以外の場所からは、短枝が出ている。

16

それでは花の方は？（花芽の補足）

いよいよ最後の補足です。ここまで、冬芽の秘密を紐解くために、様々な冬芽の断面を見てきました。その中で、特に僕の印象に残ったのが**ヤブツバキ**（P131）の花芽です。

12月頃、庭のヤブツバキの花芽が大きくなっていたので、カッターで縦に切り、断面を見てみました。するとどうでしょうか。その断面の美しいこと！

一番外側には芽鱗の緑色があり、その内側に花びらの赤があります。それぞれが何層にもなって外枠を作り、その中心に黄色い粒々の雄しべが詰まっています。そして中央には縦に一本すらっと雌しべがスタンバイ。見事な左右対称さ、色の配置、バランス、どれをとっても芸術的。これをはじめて見た時、僕は夢中で写真を撮りました（❶）。

見えないところにある秩序感。これこそが、冬芽の大切な秘密だと僕は思っています。

植物は、花が咲いている時によく注目されますが、その花は、突如現れるわけではありません。芽の中での準備期間があり、それぞれのタイミングが整った時に、ようやく世界に現れてくるのです。

花の美しさには、ちゃんと裏付けがあるんだ。ふと、そんなことに気付いたりすることがあるので、僕は冬芽観察が大好きです。

植物索引

おわりに

自然観察において、名前を知ることは基本中の基本です。これをおろそかにしては、観察ははじまりません。ですが、名前を調べることに、自然観察のハードルを感じる方もいらっしゃるようです。

確かに、気持ちは分からないでもありません。この本のテーマの「冬芽」なら、対象がとても小さく、はじめのうちは、みんな同じように見えてしまっても仕方ありません。

僕はこう思っています。名前を調べる際には、まず、「見慣れる」ことが必要だと。形のちがいに注目するのが、名前調べの基本です。ですが、それには比較対象が必要です。どこそこの形が違うと言われても、それを比べる相手を知らなければ、そのちがいは見えてこないからです。なので、まずは多くの種類を見ることが大切です。

その点、冬芽観察は、名前を知らなくても楽しめるのが魅力です。「冬芽ファイル」「芽吹きファイル」で見たように、冬芽はとてもかわいらしいです。枝先の顔探しをするだけでも楽しいので、まずは名前が分からなくても、自分の気に入った冬芽をファイリングしていくように楽しんでみてください。それを続けると、自然と冬芽の姿に目が慣れていきます。そうなれば、名前を調べるのは、もうそこまで難しくないはずです。P126でご紹介したような、名前を調べるのに適した図鑑があるので、ぜひそちらを使ってみてください。

「冬芽の作戦ファイル」で見た内容も、樹木の名前を知らなくても楽しむことが出来ます。本書でご紹介した以外にも作戦はありますので、見た目から自由に想像して楽しんでください。基本的なことは本書で網羅したつもりですので、観察をはじめるのに必要な知識は、これでもうそろっているはずです。

この本は、編集の片山土布さんと一緒に、実際に冬芽観察をしながら作りました。冬芽のキュートな魅力は、デザインの窪田実莉さんが最大限引き出してくれています。とっても楽しい制作の時間を通して思ったことは、こんなことです。

あぁ、やっぱり冬芽はいいなぁ！

冬芽ファイル帳

2024年10月28日　初版第1刷

著・写真・イラスト　鈴木 純

植物観察家／植物生態写真家。1986年、東京生まれ。東京農業大学で造園学を学んだのち、青年海外協力隊に参加。中国で2年間砂漠緑化活動に従事する。帰国後、仕事と趣味を通じて日本各地の野生植物を見て回り、2018年にまち専門の植物ガイドとして独立。野山ではなく、都市環境をフィールドにした植物観察会を開催することを生業としている。著書・監修に『そんなふうに生きていたのね まちの植物のせかい』（雷鳥社）、『まちなか植物観察のススメ』（小学館）、『シロツメクサはともだち』（ブロンズ新社）他。

発行人　石川和男

発行所　株式会社小学館
〒101-8001 東京都千代田区一ツ橋2-3-1

編　集　03-3230-5446
販　売　03-5281-3555

印　刷　TOPPAN株式会社
製　本　牧製本印刷株式会社

ISBN 978-4-09-311578-0

デザイン　窪田実莉
校　正　玄冬書林
編　集　片山土布
制　作　渡邊和喜・遠山礼子
販　売　金森 悠
宣　伝　秋山 優